내가 원숭이라구?

Am I a Monkey?: Six Big Questions about Evolution

By Francisco J. Ayala

진화에 관한 여섯 가지 질문

내가 원숭이라구?

프란시스코 J. 아얄라 지음

노혜숙 옮김

아니마

내가 원숭이라구

처음 펴낸 날 | 2011년 2월 11일

지은이 | 프란시스코 J. 아얄라
옮긴이 | 노혜숙

펴낸이 | 노혜숙
펴낸곳 | 도서출판 아니마
등록 | 128-92-79310
주소 | 경기도 고양시 일산동구 중산동 1680번지 하늘마을 109-903
전화 | 031-908-2158, 070-4227-2194
팩스 | 031-8076-7243
전자우편 | fjord2010@hanmail.net

표지, 본문 디자인 | (주)끄레 어소시에이츠
필름출력 | 문형사
인쇄, 제본 | 영프린팅

ISBN 978-89-965393-1-5 03470
값 | 11,000원

ⓒ아니마

차례

찰스 다윈(1809-1882)은 우주 만물의 조화를 설명하는 자연 법칙을 생물계로까지 확장함으로써 과학혁명*을 완성했다. 그는 생물의 진화에 관한 뚜렷한 증거를 제시했으며, 무엇보다 자연선택의 원리를 발견함으로써 생물의 '설계'를, 다시 말해, 생물이 어떤 과정을 거쳐 지금 같은 꼴을 갖추게 되었는지를 밝혀냈다. 그리하여 자연법칙의 질서에 따른 변천 과정을 통해 생물의 적응과 다양성, 독특하고 복잡한 종種들의 기원, 나아가 인류의 기원까지 설명할 수 있게 되었다.

16세기에서 17세기에 걸쳐 일어난 과학혁명은 '우주가 자연법칙에 따라 움직이는 물질'이라는 새로운 개념을 제시했다. 코페르니쿠스, 갈릴레오, 뉴턴과 같은 과학자들이 이룩한 발견은 자연현상을 우주에 내재하는 법칙으로 설명할 수 있는 획기적인 기틀을 마련했다. 그러나 생명체의 다양성과 적응능력에 관한 의문은 여전히 과학 밖의 문제로 남아 있었다.

동물은 사물을 보는 눈, 하늘을 나는 날개, 물속을 헤엄치

고대 그리스의 철학자들에게서 비롯된 자연과학은 2천 년이라는 긴 세월 동안 거의 변함없이 유지되었고, 중세에는 신이 창조한 자연에 관해서 성서의 가르침에 위배되는 어떤 주장도 허용되지 않았다. 또 자연과학을 별도의 지식으로 구별하지 않고 철학의 한 분야로 생각해서 '자연철학'이라 불렀다. 그러다가 16세기와 17세기에 걸쳐 세계가 변화하기 시작했다. 관찰을 통해 객관적으로 얻을 수 있는 사실만을 진실로 받아들여야 한다고 주장하는 운동이 일어났고, 그럼으로써 합리적인 증명에 의해 자연을 이해하는 근대과학이 확립되었다.

이러한 과학혁명은 16세기 천문학에서 코페르니쿠스가 지동설을 내세움으로써 시작되었다. 그 뒤를 이어, 실험에 기초한 귀납법을 주창한 프랜시스 베이컨, 망원경을 이용하여 지동설을 입증하려 했던 갈릴레오 갈릴레이, 물체의 운동과 관계를 수학적으로 공식화한 아이자크 뉴턴 등이 근대과학의 기초를 마련했다. 그러나 생물학은 여전히 '생물학'이 아니라 '박물학'이라고 불리며 상대적으로 뒤쳐져 있었다. 여러 가지 생물들을 채집해서 특징에 따라 분류해 보려는 노력이 진행되고 있을 뿐이었다. 말하자면 생물의 분류 문제가 주요 관심사였는데, 그것은 사실 고대 그리스의 아리스토텔레스 이래로 그다지 새로운 일이 아니었다.

그러던 것이 뒤늦게 19세기에 다윈이 진화론을 발표함으로써 마침내 생물학에서도 과학혁명이 이루어졌다. 그보다 좀 뒤늦게, 7년 뒤에, 오스트리아의 수도원 뜰에서 완두콩을 심고 있던 성직자 그레고리 멘델이 '멘델의 법칙'을 발표하여 유전의 기본 원리를 수립했다.

는 지느러미를 갖고 있으며, 식물은 엽록소로 광합성을 하면서 살아간다. 이처럼 다양한 생물의 형태와 기능은 어떤 의도를 갖고 세상을 설계한 조물주나 초자연적인 중재자의 존재를 암시하는 듯했다. 그리하여 인류는 오랫동안 서로 상반된 두 가지 방식으로 세상을 이해했다. 천체와 지구에 존재하는 무생물의 세계는 자연법칙에 근거해서 과학적으로 설명하면서도 다양하고 복잡하고 흥미로운 생물의 기원과 구조는 조물주나 초자연적인 힘에 의한 결과로 받아들인 것이다.

자연에 대한 이러한 분열된 시각에 마침표를 찍은 것이 바로 다윈의 천재성이었다. 다윈은 일찍이 어느 누구도 생각하지 못했던 자연선택이라는 개념으로, 초자연적인 힘에 모든 이유를 돌리지 않고, 인간의 이성으로 생물계의 현상을 설명함으로써, 인류 역사에서 가장 영향력 있는 과학자가 되었다.

이제 현대 생물학에서 중심이 되는 개념으로 자리를 잡은 진화론은 이 세상에 무수히 많은 종류의 생물이 존재하게 된 배경과 생물들 간의 유사성과 차이점을 과학적으로 설명한다. 또 인류의 출현이 다른 생명체들과 생물학적으로 어떤 관련이 있는지를 밝히고, 끊임없이 진화하는 박테리아와 바이러스 병원체들을 이해함으로써 질병으로부터 우리 자신을 보호하는 효과적인 방법을 찾을 수 있게 해 준다. 진화에 대한 지식은 더 나아가 농업, 의학, 생명공학의 발전을 가능하게 한다.

그럼에도 불구하고 진화론은 아직도 여러 나라에서 종종 논란거리가 되고 있다. 진화의 과정과 증거에 대해 연구하며 평생을 보낸 진화론자이자 유전학자인 나로서는 이러한 논란이 그저 의아할 따름이다. 인간을 위시해서 거의 모든 생명체가 지금의 모습과는 아주 다른 조상으로부터 진화해 왔다는 사실에 더는 의심의 여지가 없기 때문이다. 과학자들 사이에서는 생물의 진화가 지동설이나 은하계의 팽창, 원자 이론, 유전학 등과 마찬가지로 확고하고 당연하게 받아들여지고 있다.

이 책「내가 원숭이라구?: 진화에 대한 여섯 가지 질문」은 진화론을 막연하게 알고 있는 사람들이 가질 만한 궁금증에 대해 답하는 형식으로, 진화론의 핵심적인 원리에 대해 설명할 것이다. 그러기에 앞서 짚고 넘어갈 두 가지가 있다. 첫째, 과학은 세상을 이해하는 매우 경이로운 방법이기는 하지만 유일한 방법은 아니라는 점이다. 세상에 대한 지식을 얻는 경로는 문학, 음악, 미술, 철학적 성찰, 종교, 계시 그리고 일상의 경험 등 참으로 다양하니 말이다.

둘째, 이 책의 마지막 장에 가서 이야기하겠지만, 과학과 종교는 서로 모순 관계에 있지 않다는 점이다. 사실, 과학과 종교는 별개의 영역으로 관심사도 서로 다르다. 따라서 그 둘을 각각 올바로 이해한다면 서로 모순이 된다고 여길 까닭이 없다. 과학이 아무리 많은 것을 이루어 냈다 해도, 서상을 과학적으로 이해하려는 노력은 어쩔 수 없이 불완전하다. 가치와 의미의 문제는 과학의 영역 밖에 있는 문제이기 때문이다. 삶의 목적과 의미를 이해하고 도덕적이고 종교적인 가치를 추구하는 문제들은, 과학이 아닌 다른 길에서 답을 찾아야 한다. 그리고 그러한 문제들은 과학적이고 실용적인 사실들과 마찬가지로 우리에게 매우 중요하다.

내가 원숭이라구?

나는 영장류다. 원숭이도 영장류다. 그러나 인간은 원숭이가 아니다.

영장류에는 원숭이, 유인원, 그리고 인간이 있다. 인간은 계보를 따져 보면 원숭이보다는 유인원에 가깝다. 그러니까, 유인원이 인간의 사촌이라면 원숭이는 오촌이나 육촌인 셈이다. 유인원 중에서는 침팬지가 인간과 가장 가깝고 그 다음이 고릴라, 그 다음이 오랑우탄이다. 인간의 조상이 침팬지의 조상과 따로 떨어져 나온 것은 약 600만, 700만 년 전의 일이다. 이러한 사실을 확인하는 방법은 세 가지가 있는데, 인간을 포함해서 살아 있는 영장류들을 서로 비교하는 방법, 과거에 살았던 영장류들의 화석을 조사하는 방법, 그리고 영장류들의 DNA와, 단백질과 같은 분자들을 서로 비교하는 방법이 있다. 이 가운데에서 DNA와 단백질을 비교해 보는 방법은 인간이 다른 영장류와 얼마나 밀접한 관계가 있는지, 또 영장류끼리 서로 어떤 관계가 있는지에 대해 가장 정확한 정보를 제공한다. 그러나, 세월이 흐르면서 인간의 계보가 어떻게 변화해 왔으며, 우리의 조상이 어떤 과정을 거쳐 현대의 인간처럼 되었는지를 알려면 화석을 연구해야 한다.

다윈은 진화론을 발표하면서 인간과 유인원이 공동의 조상을 갖고 있다고, 그리고 그 조상은 인간이 아니었다고 주장했다. 그러자 그의 동시대인들은 만일 다윈의 주장이 사실이라면 유인원과 인간을 이어 주는 중간 생물, 그 '잃어버린 고리'가 대체 어디에 있느냐고 의문을 제기했다.

다윈은 1859년에 그 유명한 역작 「종의 기원The Origin of Species」을 출간했고, 1871년에는 진화론을 인간에게까지 확장한 「인간의 유래The Descent of Man」를 내놓았다. 그 뒤 1882년에 그는 생을 마감했다. 우리의 혈통이 침팬지의 혈통과 분리된 뒤에 나타난, 인류의 조상인 영장류를 호미니드hominid(또는 호미닌hominin)라고 하는데, 다윈이 죽기 전까지는 호미니드의 화석이 발견되지 않았다. 그렇지만 다윈은 언젠가는 호미니드 화석이 발견될 것이라고 믿었다.

과연 다윈이 죽은 지 불과 몇 해 뒤인 1889년에 네덜란드

의사인 외젠 뒤부아Eugene Dubois가 자바 섬에서 호미니드 화석을 발견했다. 그 화석에는 대퇴골과 작은 두개골이 포함되어 있었는데, 해부학에 밝았던 뒤부아는 그 화석이 직립보행을 하던 존재의 것이라고 판단했다. 대퇴골이 현대 인류의 대퇴골과 매우 흡사했던 것이다. 그러나, 현대 인류의 두개골이 용량이 약 1,300그램인 것에 견주어, 그 화석의 두개골은 용량이 850그램 정도에 불과했다. 뒤부아가 발견한 그 화석은 180만 년 전에 살았던 개체의 것으로, 직립보행을 하던 인류의 조상이라는 뜻에서 '호모 에렉투스Homo erectus' 종으로 분류된다. 지능이 발달한 현생인류는 호모 사피엔스 Homo sapiens 종에 속한다.

이제 그 '잃어버린 고리'는 더는 잃어버린 고리가 아니다. 자바에서 발견된 화석을 필두로 호미니드 화석 수백 점이 20세기와 21세기에 아프리카, 아시아, 유럽 등지에서 발견되었으며, 갈수록 발굴 속도가 빨라지고 있다. 이들 화석은 방사선 탄소 연대측정법방법(탄소의 방사성 동위원소에 의해 절대 연령이나 연대를 재는 방법으로, 생물이 죽으면 이산화탄소의 결합이 끊겨 사체 속의 방사성 탄소가 일정한 반감기로 계속 줄어들기 때문에 시료 속의 방사성 탄소의 양을 근거로 그 생물이 살았던 연대를 추정할 수 있다.—옮긴이 주) 등 여러 방법으로 연구되고 그 연대가 밝혀져 왔다. 호미니드 화석들을 보면 어떤 것은 인간하고도 많이 다

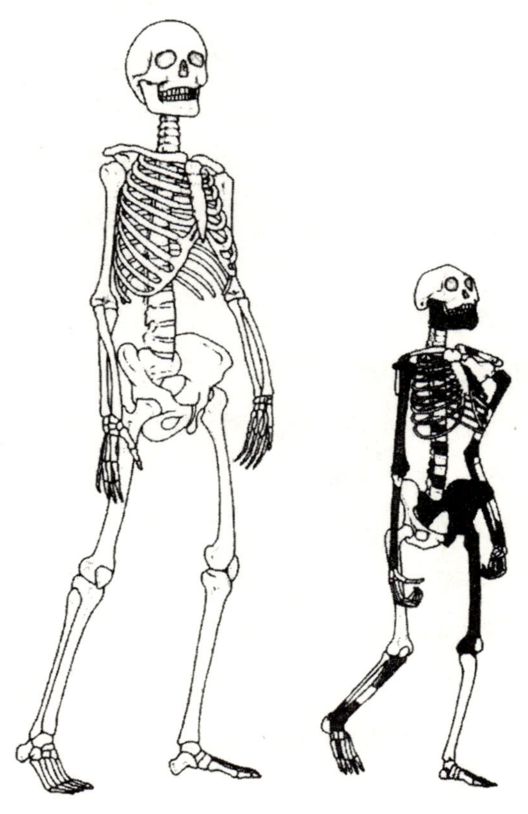

왼쪽은 현대 인류의 골격이고, 오른쪽은 가장 오래된 인류의 조상으로 알려진 호미니드로서 '루시'라는 애칭을 가진 오스트랄로피테쿠스 아파렌시스이다. 루시는 약 350만 년 전에 살았으며 직립보행을 했고, 현생인류보다 체구와 뇌가 현격히 작다. 루시의 화석은 약 40퍼센트의 뼈대(검은 부분)만이 1913년 에디오피아 북동부 지역의 하다Hardar라는 유적지에서 발견되었다.

내가 원숭이라구?

를뿐더러, 호미니드들 사이에도 서로 많은 차이가 있기 때문에 여러 종으로 분류된다. 각기 다른 시기에 살았던 호미니드 화석들을 연구한 결과에 의하면, 인간의 조상은 현생인류가 등장하기까지 몇 차례 뚜렷한 변화를 겪었음을 알 수 있다. 하나는 몸의 크기가 커진 것이고, 또 다른 변화는 두개골의 용량(뇌의 크기)이 커진 것이다. 호미니드 종을 부르는 이름은 화석이 발견된 장소나 형태학상의 특징을 가리키기도 하고, 어떤 경우에는 발견자가 마음 내키는 대로 짓기도 한다.

가장 오래된 호미니드 화석은 아프리카에서 발견된 사헬란트로푸스Sahelantropus와 오로린Orrorin으로, 700만 년 전에서 600만 년 전의 것으로 추정된다. 그들은 땅에서는 두 발로 걸어 다녔지만 뇌가 매우 작았다. 역시 아프리카에서 발견된 아르디피테쿠스Ardipithecus는 550만 년 전에 살았다. 아프리카 이곳저곳에서 수많은 화석이 쏟아져 나온 오스트랄로피테쿠스Australopithecus는 400만 년쯤 전에 나타난 호미니드다. 오스트랄토피테쿠스는 인류처럼 직립 자세를 하고 있었으나 두개골 용량은 겨우 450그램 정도밖에 되지 않았다. 이것은 고릴라나 침팬지와 비슷한 크기로, 현대인의 3분의 1에 불과하다. 오스트랄로피테쿠스의 두개골은 유인원과 인간의 특징을 함께 지니고 있다. 이마는 좁고 얼굴이 유인원처럼 길지만 치아 배열은 인간의 것과 같다. 오스트랄로피테쿠스와 부분적으로 겹치는 시기에 살았던 다른 초기 호미니드 가운데 케냔트로푸스Kenyanthropus와 파란트로푸스Paranthropus가 있다. 둘 다 뇌가 작았으며 다만 파란트로푸스 종이 체구가 좀 더 컸다. 파란트로푸스는 호미니드 계보에서 곁가지로 분화했다가 소멸한 종이다.

호모 하빌리스Homo habilis로 분류되는 호미니드는 현대인과 제법 흡사하며, '호모' 속屬에 드는 최초의 종이다. 250만 년 전에서 150만 년 전 사이에 아프리카 적도 부근에 살았던 이 고대인들은 호미니드로서는 처음으로 아주 간단한 석기를 사용했는데, 그래서 '손재주가 있는', '솜씨 있는'이라는 뜻의 라틴어인 '하빌리스'라는 이름이 주어졌다. 호모 하빌리스의 두개골 용량은 약 600그램 정도로, 그보다 앞서 살았던 호미니드의 것보다는 한결 크지만 현대인의 뇌 크기에는 절반에도 못 미친다. 아무튼 결국 호모 하빌리스부터 우리 인간의 기술이라는 것이 소박하게나마 출발한 것이다.

호모 하빌리스의 뒤를 이어 진화한 호모 에렉투스Homo erectus는 180만 년 전 아프리카에서 등장했다. 호모 에렉투스는 두개골 용량이 800그램에서 1,100그램 사이였고, 호모 하빌리스보다 좀 더 발전한 도구를 사용했다. 호모 에렉투스는 두 가지 면에서 특히 주목할 만하다. 한 가지는 그들이 아프리카에서 180만 년 전부터 거의 40만 년 전까지에 걸쳐 상당히

내가 원숭이라구?

오랜 기간 생존했다는 사실이다. 두 번째로 괄목할 만한 사실은 최초로 대륙을 횡단한 호미니드라는 것이다. 그들은 아프리카에서 출현한 뒤, 얼마 지나지 않아 유럽과 아시아로 퍼져 나갔고, 180만 년 전부터 160만 년 전 사이에 중국의 북부와 인도네시아(뒤부아가 처음 호미니드 화석을 발견한 곳)에 도착해서 25만 년 전까지 살았던 것으로 추정된다.

호모 에렉투스에 뒤이어 진화한 호미니드 종으로는 호모 네안데르탈렌시스Homo neanderthalensis와 현생인류를 가리키는 호모 사피엔스Homo sapiens가 있다. 호모 네아데르탈렌시스(네안데르탈인)는 유럽에서 풍부한 화석이 발견되었는데, 그 지역에서 약 20만 년 전에 출현하여 3만 년 전까지 살다가 사라졌다. 가장 연대가 늦은 호모 네안데르탈렌시스의 화석이 스페인에서 나온 것으로 보아, 이 지역이 그들의 마지막 거주지였던 듯하다. 네안데르탈인은 우리와 같은 크기의 뇌를 갖고 있었고 체구도 우리와 비슷했지만 다소 땅딸막했다.

인류의 조상이 호도 에렉투스에서 호모 사피엔스로 진화하기 시작한 것은 약 40만 년 전의 일이다. 그 시기의 화석들은 초기 호모 사피엔스의 모습을 하고 있다. 해부학적으로 현생인류는 20만 년 전이나 15만 년 전쯤에 아프리카에서 진화했으며, 그러다가 점차로 세계의 다른 지역으로까지 집단으로 이주해 가면서 결국 다른 호미니드 종을 대체하게 되었다.

내가 원숭이라구?

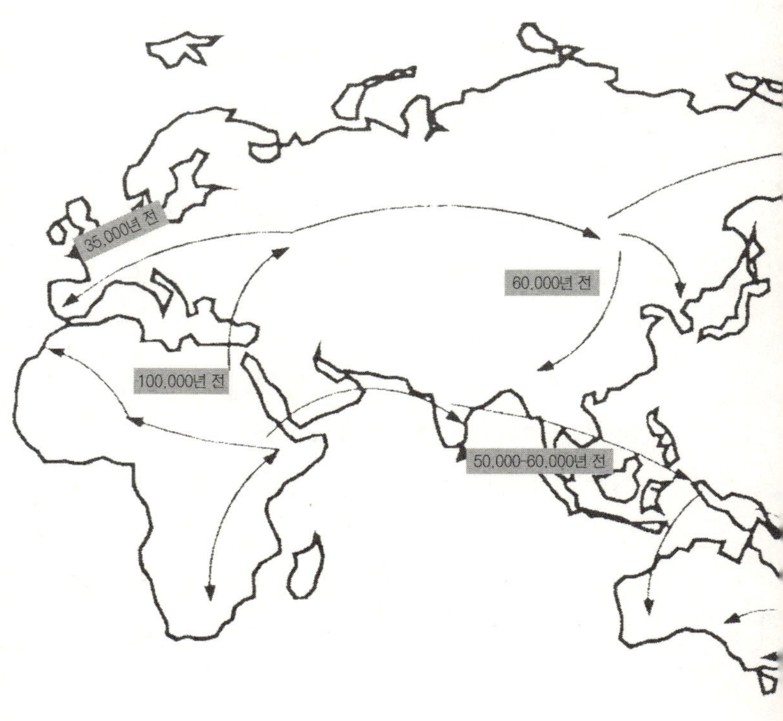

호모 사피엔스는 열대의 아프리카에서 기원했다. 그들은 6만 년 전에서 5만 년 전 사이에 아시아 북부와 남부, 그리고 오세아니아에 도착했다. 아프리카에서 가까운 유럽 중부와 서부에는 오히려 그보다 훨씬 더 뒤인 3만 5,000년 전쯤에 도착했다는 것이 의아하다. 추정하자면, 유럽에 20만 년 전부터 네안데르탈인이 거주했고, 약 3만 년 전 네안데르탈인이 멸종한 후에 호모 사피엔스가 거주했을 것으로 보인다. ─ "인간 유전자의 역사와 지리학", L. L. 카발리-스포르자 · P. 메노지 · A. 피아조(프린스턴 대학 출판부, 1994), P. 156

내가 원숭이라구?

호모 사피엔스 이전 시기에 아시아와 유럽에서 거주했던 호모 에렉투스는 직계 후손을 남기지 않았다. (다만 호모 플로레시엔시스Homo Floresiensis가 후손일 가능성은 있다. 체구가 작았던 이들의 화석은 2004년에 인도네시아의 플로레스 섬에서 발견되었는데, 그들은 그곳에서 1만 8,000년 전부터 1만 2,000년 전 사이에 살았던 것으로 추정된다. 그들이 아시아의 호모 에렉투스의 직계 후손일 수 있는 가능성에 대해서는 아직 조사가 진행 중이다.)

현생인류인 호모 사피엔스가 전 대륙에 걸쳐 거주하게 된 것은 비교적 최근이다. 동남아시아와 중국 지역에는 6만 년 전에, 그리고 그 직후에 오스트레일리아를 중심으로 한 서남 태평양 제도에도 거주하기 시작했다. 유럽에서 집단으로 거주하게 된 것은 겨우 3만 5,000년 전이고, 아메리카 대륙에는 1만 5,000년 전에 시베리아에서 이주해 와서 살기 시작했다. 따라서 인류가 인종과 종족으로 나뉜 것은 비교적 최근의 일이니, 지난 6만 년 동안에 지리적으로 떨어져 살게 된 인구가 저마다 진화해 온 결과다.

1989년 미국에서 국립보건연구원과 에너지부의 공동 후원으로 인간 게놈* 프로젝트가 출범했다. (미국의 민간 생명 공학 회사인 셀레라 제노믹스는 그보다 조금 뒤에 이 프로젝트에 뛰어들어 경쟁을 벌이다가 독자적인 연구로 유사한 결과를 얻었다.) 그 프로젝트의 목표는 15년 안에 인간 게놈의 완전한 서열을 구하는 것이었다. 예산은 약 30억 달러로 책정되었는데, 사람의 DNA 염기가 약 30억 개라는 것이 밝혀졌으므로 우연히도 염기 하나 당 1달러가 든 셈이다. 인간 게놈 프로젝트는 계획보다 앞선 2001년에 게놈 서열의 초안을 완성했고, 2003년에 완료했다.

인간 게놈의 DNA 서열을 얻은 것은 위대한 기술의 승리였다. 3장에서 이야기하겠지만, 30억 개에 이르는 인간 게놈의 DNA 염기 배열을 모두 프린트하려면 엄청난 양의 종이가 필요할 것이다. 새로운 기술의 발달이 아니었으면 그렇게

게놈genom

유전자(gene)와 염색체(chromosome)를 합성해서 만든 말로, 생물의 유전 정보를 의미한다. 모든 생물의 세포는 핵을 갖고 있고 그 핵 속에는 염색체라는 물질이 있다. 인간의 몸에는 모두 46개(23쌍)의 염색체가 있다. 그 중에서 X와 Y라는 성염색체는 성을 결정하는 데 사용되며 나머지 44개는 두 개씩 같은 모양과 같은 크기로 된 22개의 쌍으로 존재한다. 염색체 안에는 유전물질인 DNA가 존재하며, DNA는 또 A(아데닌), G(구아닌), T(티민), C(시토신)이라고 하는 네 개의 염기로 구성되어, 마치 알파벳으로 단어를 만드는 것처럼 이 네 가지 염기의 배열에 따라 생물의 구조와 특성이 결정된다. 인간 게놈은 30억 개가 넘는 염기쌍으로 이루어져 있다.

기나긴 게놈 서열을 얻기란 불가능했을 것이다. 게다가 그동안 계속적인 기술의 발달로 몇 년 전부터는 한 사람당 겨우 10만 달러 정도의 비용으로 단 한 달 만에 완성할 수 있게 되었으며 그 비용과 시간은 계속 줄어들고 있다. 맨 처음에 인간 게놈 서열을 얻기 위해 30억 달러의 예산과 14년이란 시간을 투자한 것과 비교하면 여간 수월해진 것이 아니다,

인간에 이어서 여러 다른 종들의 DNA 게놈 서열도 속속 완성되었다. 그 가운데서 특히 침팬지의 게놈 서열은 2005년 9월 1일에 처음 발표되었고, 현재 침팬지의 게놈과 사람의 게놈을 서로 비교함으로써 유전적인 차원에서 인간을 인간답게 만드는 것이 무엇인지 알아내기 위한 실험을 진행하고 있다. 무엇보다, 인간과 침팬지의 게놈이 99퍼센트나 일치한다는 사실에 많은 사람들이 놀라워했다. 그 1퍼센트의 차이는 보는 관점에 따라 아주 작을 수도, 아주 클 수도 있다. 전체 게놈 중에서 1퍼센트라고 하면 아주 작은 것 같지만, DNA 염기 30억 개 중에서 1퍼센트면 3,000만 개나 되니 말이다.

인간과 침팬지의 게놈을 좀 더 정밀하게 비교하면, 유전자에 의해 암호화된 효소와 단백질 중에서 29퍼센트가 일치한다. 단백질은 한 일백 가지에서 수백 가지에 이르는 아미노산

으로 구성되어 있는데, 인간과 침팬지 사이에서 서로 일치하지 않는 71퍼센트의 단백질들은 평균적으로 두 가지 아미노산에서 차이가 있을 뿐이다. 인간과 침팬지 가운데 어느 한쪽에만 있는 DNA들까지 셈에 넣는다면, 이 둘의 게놈은 99퍼센트가 아니라 결국 96퍼센트 정도가 일치한다고 할 수 있다. 말하자면, 인간과 침팬지가 700만 년 전에서 600만 년 전 사이에 분화하여 진화해 온 이래로 다량의 유전 물질―약 3퍼센트, 또는 약 9천만 개의 DNA 염기―이 추가되거나 사라진 것이다.

인간과 침팬지의 게놈을 비교해 보면, 두 종이 공통적으로 갖고 있는 특정한 유전자들이 각각 얼마나 빨리, 그리고 어느만큼이나 진화했는지 알 수 있다. 예를 들어, 뇌에서 활동하는 유전자는 침팬지보다 인간에게서 더 많이 변화했다. 전체적으로 보면, 말라리아와 결핵에 저항하는 유전자를 포함해서 585개의 유전자가 침팬지보다 인간에게서 더 빠른 속도로 진화한 것으로 확인되었다. (말라리아가 침팬지보다 인간에게 훨씬 더 위험한 질병이라는 사실에 주목하자.) 인간의 게놈 중에는 지난 25만 년 동안 특별히 빠른 속도로 진화해 온 유익한 유전자들이 있다. 그 중 언어 능력의 진화에 관여하는 FOXP2 유전자에 대해서는 3장에서 좀 더 자세히 소개하겠다.

이제 우리는 인간이 다른 영장류와 뚜렷이 대비되는 기본적인 특성들이 무엇인지 알고 있다. 우선 뇌가 크다는 것과, 또 인간의 언어 능력 따위에 관여하는 유전자를 위시해서 몇몇 유전자들이 급속한 진화를 거쳤다는 점이다. 지금까지 알아낸 이러한 사실이 썩 흥미롭기는 하지만, 어떠한 유전적인 변화가 우리 인간이 다른 종과 뚜렷한 차이를 갖게 하는지에 대해서는 아직까지 밝히지 못했다.

앞으로 인간과 침팬지의 게놈 비교 연구 및 중요한 유전자에 대한 실험과 연구가 더 진척되면, 머지않아 10년, 20년 안에, 인간이 다른 동물과 차이를 갖게 하는 것이 과연 무엇인지에 대해 상당한 지식을 얻게 될 것이다. 우리를 인간으로 만드는 두드러진 특징은 태어나기 이전의 태아 상태에서부터 발달하기 시작한다. 게놈 안에 길게 암호화되어 있는 1차원의 정보가 시간이 흐름에 따라 점진적으로 배열을 바꾸어 가는 4차원의 개인으로 구현되는 것이다. 무엇보다도 인간이 다른 동물과 차이를 나타내는 가장 뚜렷한 특징은 뇌에서 표현되는 것들, 곧, 인간의 정신 활동과 인간으로서의 정체성을 결정짓는 것들일 성싶다.

우리 인간이 다른 영장류들과 뚜렷한 차이를 갖게 하는 것이 무엇인지 알고자 할 때 염두에 두어야 할 중요한 사실이 있다. 그것은 인간이 단순한 생물학적인 진화를 넘어서서, 기술에 의한 환경 조작을 통해 적응해 나가는, 새로운 진화의 장을 열었다는 점이다. 여기에는 다른 종보다 훨씬 더 앞선 두뇌의 발달이 바탕이 되었음은 물론이다. 일반적으로 생물은, 세대를 거듭해 나가는 동안, 환경의 요구에 맞추어 자신의 유전자 구성을 변화시키는 자연선택의 과정을 거쳐 환경에 적응해 나간다. 그런데, 유독 인간만이, 자신의 유전자가 필요하다고 요구하면, 환경 자체를 바꾸어 나감으로써 가혹한 환경에 적응하는 능력을 키워 왔다. 인간은 불을 발견하고 옷을 만들어 입고 집을 짓고 사는 방법을 터득함으로써, 태곳적에 이미 생물학적으로 적응해 온 무더운 열대와 아열대 지역에서부터 남극 대륙의 얼어붙은 불모지를 제외한 지구 전체로 거주 영역을 확대해 나갈 수 있었다. 다른 거주지를 찾아 유랑하면서도 인간은 추위로부터 몸을 보호하기 위해 온몸에 털이 돋게 하는 유전자가 진화할 때까지 기다릴 필요가 없었다. 마찬가지로, 날개나 아가미가 생기기를 기대하면서 하염없이 시간을 보내는 대신, 비행기와 배처럼 정교하게 설계한 발명품으로 바다와 하늘을 정복해 왔다. 인류가 살아 있는 종들 중에서 가장 번창할 수 있었던 비결은 바로 인간의 지능, 곧, 인간의 정신 활동에 있다.

신경생물학은 지난 20년 동안, 전에 없이 풍부한 경제적 지원과 인적 자원이 투입되면서 급속한 발전을 이루었다. 그

덕분에, 우리의 감각기관을 통해 들어오는 빛, 소리, 온도, 저항, 화학 작용 들이, 신경을 통해 뇌와 체내의 다른 부위로 신호를 전달하는 화학 전달 물질을 어떻게 방출시키고 생체전위의 차이를 어떻게 발생시키는지에 대해 많은 것을 알게 되었다. 더불어, 정보를 전달하는 신경 회로들이 어떤 식으로 반복적인 사용에 의해 강화되거나 또는 손상을 입은 뒤에 교체되는지, 또 어떤 신경세포가 특정한 감각기관이나 주변 환경을 통해 들어오는 정보를 처리하는 과정에 관여하는지를 비롯해서, 신경계의 작용에 대해 꽤 많은 신비를 풀었다. 그렇긴 하지만, 신경생물학은 아직도 유아 수준에 머물러 있다. 멘델의 유전 법칙을 재발견한 20세기 초의 유전학이 그랬던 것처럼, 갖가지 이론을 수립하는 단계에 있을 뿐이다. 물리적인 현상이 어떻게 정신적인 경험(철학자들이 '감각질'이라고 일컫는, 의식으로 이어지는 느낌과 감각)이 되는지, 그리고 이들 다양한 경험으로부터 어떻게 자유의지나 자아의식 같은, 통합적인 자질을 지닌 인간의 마음이 나오게 되는지를 비롯해서 가장 중요한 사실들은 여전히 신비에 싸여 있다.

나는 인간의 정신 활동에 관한 신비가 불가해한 일이라고는 생각하지 않는다. 과학적인 방법으로 풀 수 있고 철학적인 분석과 성찰로써 밝혀낼 수 있는 문제라고 본다. 장담하건대, 앞으로 반세기 안에 많은 수수께끼가 풀릴 것이다. 그때 우리는 "너 자신을 알라"는 교훈에 성큼 다가가 있을 것이다.

진화론은 단지 이론에 불과한가? 다음 장에서 나는 진화론이 이론이라고 주장할 것이다. 그러나 그것은 과학적 의미에서의 이론이라는 것이다. 추측이나 직감이 아니라, 수많은 관찰과 실험을 바탕으로 한, 온전한 과학적 지식의 통합체이다. 따라서 진화론은 이론일 뿐만 아니라 '사실'이다.

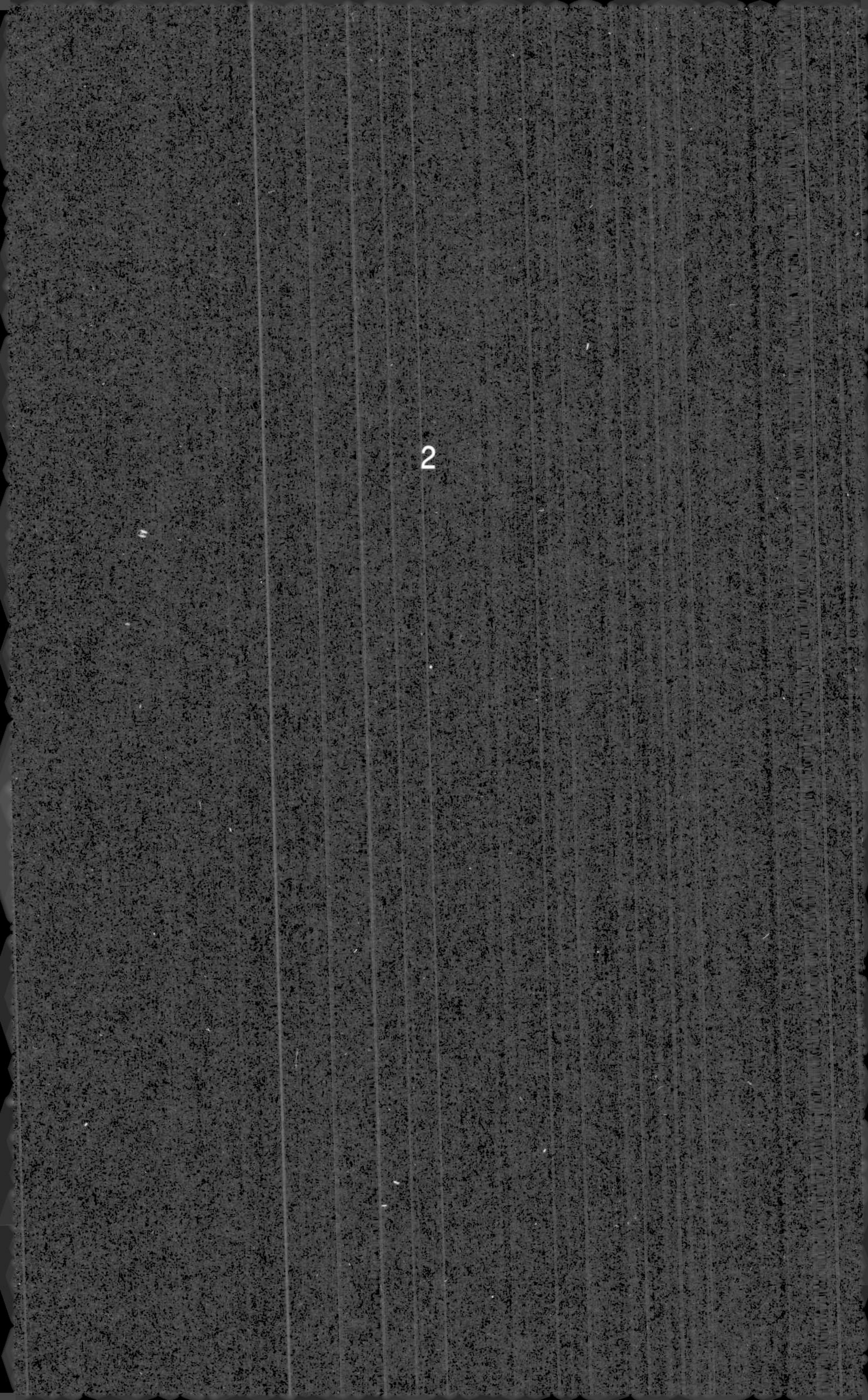

2

내가 원숭이라구?

진화론은 이론인가, 사실인가?

진화론은 이론인 동시에 사실이다. 이러한 이중적인 주장이 짐짓 의아하게 들릴지도 모르겠지만, 우선 진화론이 어째서 이론인지를 먼저 설명하고 나서, 이어서 진화론이 왜 사실인지를 밝혀 보겠다.

우리는 이론이라는 단어를 어떤 의미로 사용하고 있을까? 과학자들이 말하는 진화론의 '이론'은 일상생활에서 사람들이 말하는 것과는 의미가 좀 다르다. 이를테면, 어떤 사람이 "나는 오사마 빈 라덴이 어디에 숨어 있는지에 대해 내 나름의 이론을 갖고 있어."라고 말할 수 있다. 또는, 두 사람이 대화를 나누다가 한 사람이 "교외에 사는 사람들은 시내에 사는 사람들보다 더 뚱뚱하다."고 말하자, 상대방이 "그건 자네 이론일 뿐이야. 그것이 사실이라는 증거를 대 보게."라고 말할 수도 있다. 이처럼 우리는 '이론'이라는 단어를 종종 '짐작', '추측' 또는 '생각'이라는 뜻으로 사용한다.

하지만 과학에서는 '이론'이라는 용어를, 자연 세계의 어떤 측면에 대한 객관적인 관찰, 확인된 사실, 일정한 법칙, 추론, 검증된 가정을 통해 타당성이 충분히 입증된 설명에만 사용한다. 곧, 제한된 인지 능력을 가진 인간이 자연현상 속에서 관찰하는 '사실'을 바탕으로 도달할 수 있는 최고 수준의 지식이다. 물론 과학자들이 더러 확실한 근거가 부족해서 결과가 잠정적인 설명에도 무심코 이론이라는 말을 쓰기도 하지만, 대체로 그러한 잠정적인 설명에는 '가설'이라는 용어를 사용한다. 중요한 것은, 진화론에서처럼 충분한 증거가 뒷받침된 개념에 사용하는 '이론'이라는 말은, 일상에서 별 생각 없이 쓰는 이론이라는 말과는 구분할 필요가 있다는 점이다.

과학에는 진화론 외에도 근거가 확실한 이론이 얼마든지 있다. 태양중심설(지동설)은 태양이 지구 주위를 도는 것이 아니라 지구가 태양 주위를 돌고 있다고 말한다. 원자 이론은 모든 물질이 원자로 구성되어 있다고 하고, 세포 이론은 모든 생명체가 세포로 구성되어 있다고 한다. 그리고 진화론에 따르면 모든 생물은 공동의 조상을 가진 혈통으로 연결된다. 공동의 조상이 시간적으로 가까운 종들일수록 조상이 멀리 있는 종들보다 서로 유사한 점이 더 많다. 인간과 침팬지는 각자의 유전자 염기 서열이, 비비, 코끼리 또는 캥거루와 비교할 때보다는, 둘 사이가 좀 더 유사하다. 생물은 세대를 거듭하면서 점차적으로 변화하거니와, 그렇게 해서 분화한 혈통이 서로 다른 환경에서 서로 다른 방식으로 계속해서 변화하기 때문에, 지구상에는 헤아릴 수 없이 많은 종이 존재하는 것이다.

'사실'이라는 단어 역시, '이론'의 경우와 마찬가지로, 과학에서 사용할 때와 일반적으로 사용할 때가 서로 뜻이 다르다. 과학적인 사실은 관찰에 의해 반복적으로 확인된 것으로, 보통 타당성에서 의심의 여지가 없다. 예를 들어, 일반 소금은 염소와 나트륨으로 구성되어 있고, DNA는 아데닌(A), 시토신(C), 구아닌(G), 티민(T)을 포함하고 있는 네 가지 뉴클레오티드(질소성 염기, 5탄당, 인산이 결합하여 분자를 이루고 있는 유기화합물. — 옮긴이 주)로 구성되어 있다는 것이 그러한 과학적인 사실의 보기이다. 반면에, 일반적인 언어에서는 '사실'이라는 단어를 한층 더 폭넓게 사용한다. 직접적인 관찰이나 경험에 근거한 모든 지식을 사실이라고 말하는데, 종종 분명하게 확인이 되지 않은 것일 수도 있다.

과학자들은 진화론에 입각한 동식물의 기원에 대해 그 타당성이 의심의 여지가 없는 과학적인 결론이라는 데 동의한다. 그들에게는, 지구가 둥글며 태양을 중심으로 회전하고 있다는 것, 또는 물질이 원자로 이루어져 있다는 것만큼이나 진화론이 확고한 개념이다. 진화가 일어났다는 것은 이론일 뿐만 아니라, 일반 언어로 말하면 '사실'이기도 하다.

누군가는 반론을 제기할지도 모르겠다. 인간과 침팬지처럼 서로 다른 종이 공동의 조상으로부터 진화했다는 것을 아무도 직접 관찰한 적도 없고 더구나 실험으로 재현할 수도 없는데 어떻게 사실에 근거한 것이라고 주장할 수 있는가? 과학은 어디까지나 관찰과 재현과 실험으로 증명이 되어야 하지 않은가? 당연히 그렇다. 그러나 과학자들이 관찰하고 실험하는 대상은 이론을 뒷받침하는 증거이지, 이론의 개념이나 일반적인 결론이 아니다.

예를 들어, 코페르니쿠스의 태양중심설은 지구가 태양 주위를 돈다고 주장한다. 과학자들이 곧 이 주장을 받아들인 것은, 그 누구도 지구가 태양 주위를 돌고 있는 것을 직접 관찰한 적은 없지만, 그 이론이 예측한 결과를 충분히 확인할 수 있기 때문이다. 현대의 우주인이라 해도 지구가 태양의 둘레를 공전하는 것을 눈으로 확인할 수는 없다. 마찬가지로, 아무도 원자를 실제로 들여다본 적이 없는데도 물질이 다양한 원자로 이루어져 있음을 인정하는 까닭은 물리학과 화학에서 관찰과 실험을 통해 그것을 뒷받침하는 증거를 입증했기 때문이다. 최근에 초강력 현미경으로 물질을 엄청난 배율로 확대해서 볼 수 있게 되면서 원자와 분자로 추정되는 입자의 외형을 직접 관찰하는 것이 가능해졌다. 그러나, 현대의 원자 이론이 밝힌 것처럼, 원자가 양자, 전자, 중성자를 비롯한 미립자들로 구성되었다는 사실을 관찰하는 것은 아직 불가능하다. 기술의 발달로 언젠가는 원자의 세밀한 구성과 구조를 눈으로 직접 관찰할 날이 오겠지만, 물질 구성에 관한 원자 이론은 그런 관찰에 의존하지 않는다. 원자의 존재를 직접 관찰하는 것이 원자 이론에 크게 도움이 되는 것도 아니다. 원자 이론은 단순히 원자가 존재한다고 주장하는 것보다 훨씬 더 많은 지식을 아우르기 때문이다.

진화론 역시 진화론의 결과를 확인하는 무수히 많은 관찰과 실험이 뒷받침되어 있다. 예를 들어, 인간과 침팬지가 혈통이 가장 가깝다는 주장이 맞는다면, 인간과 침팬지의 DNA를 비교한 것이 침팬지와 비비의 DNA를 비교한 것보다 더 유사점이 많을 것이라고 예측할 수 있다. 이 추론이 맞는지 알아보기 위해 과학자들은 그들 세 동물이 지닌 특정한 유전자를 선택하여 그 유전자의 DNA 구조를 조사함으로써 추론을 입증한다. 그런 뒤에도 그러한 실험을 다양한 방식으로 재현함으로써 그 주장을 더욱 확고하게 확인한다. 다른 생물들 사이의 예측과 추론도 마찬가지다.

진화론이 이야기하는 다음 세 가지 주제는 저마다 다르면서 서로 연결되어 있다.

첫째, 모든 생물은 공동의 조상을 갖고 있다는 진화의 기원.

둘째, 서로 다른 종들은 언제 그 계보가 분화되었으며 각각의 계보에서 어떤 변화가 일어났는지에 대한 진화의 역사.

셋째, 진화가 일어나는 메커니즘이나 과정.

첫 번째 주제는 진화론의 핵심으로서 가장 확실하게 정립되어 있다. 다윈은 이를 뒷받침하는 많은 증거를 확보했거니와, 그 뒤로도 계속해서 모든 생물학 분야에서 풍부한 증거를 축적해 왔다. 생물의 진화론적 기원은, 오늘날 물리학, 천문학, 화학, 분자생물학에서 확고하게 수립된 다른 과학 이론들과 마찬가지로, 타당성에서 의심의 여지가 없는 과학적인 결론이다. 앞에서 말했듯이, 생물학자들이 진화를 '사실'이라고 말할 때 그것이 함축하는 바는 진화론이 이처럼 타당성에서 의심의 여지가 없이 확실하다는 것이다. 생물의 진화론적 기원에 대해서는 사실상 모든 생물학자들이 인정하고 있다.

진화론은 생물이 진화한다는 일반론을 훌쩍 뛰어넘는다. 두 번째와 세 번째 주제, 곧, 진화의 역사를 확인하는 것과 진화가 어떻게 왜 일어나는지를 설명하는 것은 좀 더 활발한 과학적 연구가 필요한 문제들이다. 몇몇 결론은 확고한 것으로 인정받고 있다. 그 가운데 하나가 침팬지와 인간은, 비비나 다른 원숭이와의 관계보다는, 둘이 서로 혈통이 더 가깝다는 것이다. 또 다른 하나는 다윈이 상정했던 자연선택의 원리로, 인간의 눈과 새의 날개처럼 적응 능력이 뛰어난 기관이 형성된 과정을 설명한다. 그러나 아직도 다른 많은 문제들은 좀 더 분명하게 밝힐 필요가 있거나 확정적이지 않은 추측에 머물러 있으며, 더 나아가 최초의 생물은 어떤 특징을 가졌으며 또 정확하게 언제 나타났는지에 대한 것처럼 대체로 미지의 영역으로 남아 있는 문제들도 있다.

그러나 이러한 문제들이 불확실하다고 해서 진화론을 의심해야 하는 것은 아니다. 우주의 형성과 은하계의 기원에 대해 모든 것을 자세히 알지는 못하지만, 그렇다고 해서 은하계가 존재한다는 사실을 의심하거나 그 특성들에 대해 지금까지 알고 있는 모든 지식을 버릴 이유가 되지 않는 것과 마찬가지다. 진화생물학은 현재 과학에서 가장 활발한 연구가 진행되고 있는 분야이고, 다른 생물학 분야의 발전에 크게 힘입으면서 중요한 발견들이 계속해서 축적되고 있다.

생물 진화에 대한 연구는 세상에 대한 우리의 이해를 완전히 바꾸어 놓았다. 그것은 진화생물학이 우리를 둘러싼 이 세상의 생물계가 지니고 있는 기본적인 특징 세 가지를 밝혀냄으로써 가능했다. 곧, 생물들 사이의 유사성, 생물의 다양성,

그리고 생물의 적응—예를 들어, 동물들은 어떻게 해서 사물을 보는 눈과 하늘을 나는 날개와 물속에서 숨 쉬는 아가미를 갖게 되었나—의 세 가지 기본적인 특징을 진화론은 분명하게 설명해 준다. 나아가, 인류가 지구상에 출현한 과정과 다른 생물들과의 관계를 밝혀냈다. 진화는 이제 생물학자들이 세상을 이해하기 위해 사용하는, 이 세상의 체계를 설명하는 가장 중요한 원리가 되었다. 20세기의 가장 위대한 진화론자인 테오도시우스 도브잔스키Theodosius Dobzansky가 말했듯이, "진화의 빛에 비추어 보지 않으면 생물학에 대해 아무것도 말할 수 없다."

　진화론에 대한 지식은 실용적인 가치 또한 뛰어나다. 진화론의 세례를 한껏 받은 현대 생물학은 유전자 암호를 해독했고, 생산성이 높은 작물을 개발했으며, 건강 증진을 위한 지식을 제공해 왔다. 진화론이 우리 사회에 기여하는 바는 실로 막중하다. 왜 많은 병원체들이 이전에는 그 병을 물리치는 효과가 있던 약에 대해 새로이 저항하는 힘이 생기는지도 설명하고, 갈수록 심각해지는 건강 문제에 잘 대처하는 방법을 제시한다. 진화생물학은 또 야생 식물과 재배 식물과의 관계, 그리고 동물의 그 천적들과의 관계에 대해 밝혀냄으로써 농업에도 중요한 기여를 하고 있다. 한편, 자연환경과의 지속 가능한 관계를 수립해 나가는 데에도 진화에 대한 이해가 필수적이다.

아래 글은 미국 고학아카데미 산하의 의약연구소에서 작성한 문서의 부분으로, 진화에 대한 지식이 인류의 건강 문제를 해결하는 데 얼마나 큰 도움이 될 수 있는지를 단적으로 보여준다.

지난 2002년, 중국에서 수백 명의 사람들이 정체 모를 감염원에 의해 전파되는, 심각한 폐렴에 걸렸다. '중증의 급성 호흡기 질환(severe acute respiratory syndrome)'을 줄여서 '사스SARS'라고 부르는 그 질병은 곧 베트남, 홍콩, 캐나다로 퍼져 나갔고 수백 명이 사망했다. 2003년 3월 샌프란시스크의 캘리포니아대학교 연구팀은 사스 환자의 조직에서 채취한 바이러스의 표본을 받았다. 그들은 DNA 마이크로 어레이(환자의 혈액에서 RNA를 추출하여 슬라이드글라스 위에서 인체 DNA를 구성하는 기술. — 옮긴이 주)라고 하는 신기술을 사용하여 24시간 안에 그 바이러스를 확인했다…진화에 대한 이해가 사스 바이러스를 확인하는 데 필수적이었다…더 나아가, 사스 바이러스의 진화 역사에 대한 지식은 과학자들에게 그 질병이 어떤 식으로 확산이 되는지와 같은 중요한 정보를 제공하였다.

— "과학, 진화, 그리고 창조론," 프란시스코 아얄라, 2008, p. 5

다윈을 비롯한 19세기 생물학자들은 생물들의 비교 연구(해부학), 생물의 지리적 분포(생물지리학), 멸종 생물의 화석(고생물학)에서 생물 진화에 관한 흥미롭고도 확실한 증거들을 찾아냈다. 다윈의 시대 이래로, 그의 후학들은 그러한 자료로부터 갈수록 더 강력하고 포괄적인 증거를 확보해 왔다. 한편, 최근에 등장한 새로운 생물학 분야 — 유전학, 생화학, 생태학, 동물행동학, 신경생물학, 그리고 특히 분자생물학 — 에서 진화에 대한 더욱 확고한 증거들과 세부적인 사실들이 계속 추가로 발견되고 있다.

만일 다윈이 지금 살아서 진화론을 입증하는 고생물학적 증거가 엄청나게 늘어나고 있는 것을 볼 수 있다면 무척이나 기뻐할 것이다. 그 많은 증거들 가운데 특히 진화의 중간 단계를 띠는 생물의 화석을 발견한 것이 좋은 예이다. 이를테면, 파충류(공룡)와 조류 사이의 중간 단계인 시조새, 어류와 네발짐승 사이의 중간 단계인 틱타알릭, 그리고 유인원과 호모 사피엔스 사이의 중간 단계로서 종이 다양하고 엄청난 양의 화석이 발견된 호미니드가 있는데, 주류 그룹들 사이를 연결하는 이들의 존재는 생물의 진화를 구체적으로 보여 주는 증거가 아닐 수 없다. 그리고 무엇보다 오늘날 분자생물학(분자의 차원에서 생명 현상을 연구하는 학문으로 첨단 과학의 상징인 유전자 연구가 대표적이다. — 옮긴이 주)에서는 진화의 역사를 보여주는, 다윈이 상상조차 할 수 없었을 정도로 정확한 정보와 풍부한 증거가 쏟아져 나오고 있다.

분자생물학은 1953년 유전물질인 DNA의 이중 나선 구조가 발견*된 이래 20세기 후반에 크게 발전한 분야로, 생물의 진화에 대한 강력한 증거를 제공한다. DNA에 대해, 그리고 DNA가 어떻게 진화의 증거를 확실하게 보여 주는지에 대해서는 바로 다음 장에서 설명할 것이다.

그 문제로 넘어가기에 앞서, 이 장의 주제와 밀접한 관계가 있는 중요한 사실을 하나 짚고 넘어가야겠다. 과학에서 모든 가설과 이론은 그를 뒷받침하는 증거가 아무리 많이 축적되었다고 하더라도 새로운 이론에 밀려 퇴출되거나 대체될 수 있는 가능성이 항상 열려 있다. 이미 알려진 사실뿐 아니라 아직 밝혀진 적이 없는 사실들을 새롭게 설명하는 관찰과 실험 결과가 언제라도 나올 수 있다. 그러나, 단언하건대, 생물의 진화처럼 여러 분야의 연구들로 광범위하게 보강된 이론은 퇴출되거나 대체되는 일은 없을 것 같다. 물론 진화론은 앞으로도 계속해서 발전하고 보강될 것이다. 마찬가지로, 태양중심설이나 물질의 분자 구성 역시 퇴출되는 일은 절대 없을 것이다.

다음 장에서는 '생명물질'이라고 부르는 DNA와 분자생물학에서 발견되는 진화의 증거들에 대해 알아보겠다.

DNA의 이중 나선 구조를
발견한 제임스 왓슨과
프란시스 크릭 이야기

1953년 4월 25일, 과학 저널 「네이처」에 "핵산의 분자 구조"라는, 겨우 한 쪽 남짓한 짧은 글과 DNA의 이중 나선 구조도가 실렸다. 미국의 제임스 왓슨James Dewey Watson(1928-)과 영국의 프란시스 크릭 Francis Harry Compton Crick(1916-2004)이 공동으로 발표한 그 논문은 생물학에서 20세기 최고의 성과라는 평가를 받았으니, 이로써 유전학 연구가 본격적으로 시작되었고 더 나아가 분자생물학이 탄생했다.

왓슨과 크릭은 케임브리지 대학의 캐번디시 연구소에서 처음 만났다. 왓슨은 당시에 박사학위를 받은 지 1년밖에 안 된 스물다섯살의 젊은 청년이었고, 크릭은 왓슨보다 열두 살이 더 많았지만 학위도 경력도 보잘것없었다. 그들이 DNA의 이중 나선 구조를 발견하기 전부터 이미 과학자들은 DNA에 유전 정보가 담겨 있다는 사실을 알고 있었고, 당시 경쟁 관계에 있던 킹스 칼리지 대학 연구소의 로잘린드 프랭클린Rosalind Elsie Franklin(1920-1958)은 DNA의 X선 회절 사진을 갖고 있었다. 하지만 결국 쟁쟁한 과학자들을 제치고 DNA가 어떤 구조를 갖고 있는지를 밝혀낸 것은 왓슨과 크릭이었다.

왓슨과 크릭이 DNA 모형을 만들어 내기까지의 과정은, 과학자들의 상상력과 직관, 정보의 공유 그리고 학문과 학문 사이의 융합이 위대한 과학적 발견으로 이어지는 흥미로운 가능성을 보여 준다.

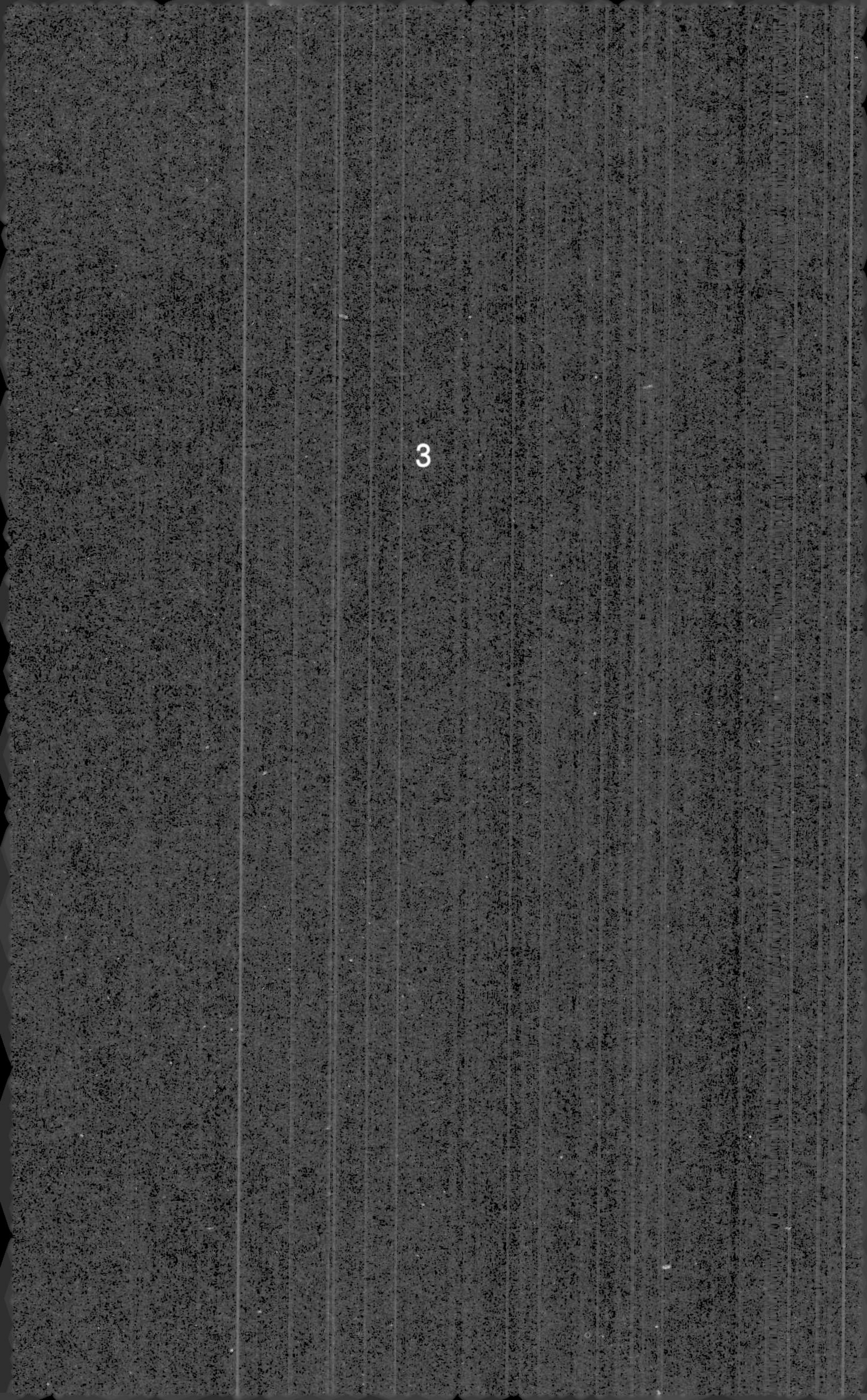

내가 원숭이라구?

DNA란 무엇인가?

 DNA는 데옥시리보핵산deoxyribonucleic acid의 줄임말이다. DNA의 구조는 두 가닥 사슬이 서로 꼬여 있는 이중 나선 구조를 띠는데, 아데닌(A), 시토신(C), 구아닌(G), 티민(T)의 네 가지 뉴클레오티드로 구성된 두 가닥이 사슬 모양으로 길게 이어져 있다. DNA 안에 담긴 유전 정보는 생명의 세 가지 기본적인 속성에 대해 설명해 준다. 곧, 생물의 모든 생명 현상, 생물 유전의 정확성, 셋째 생물의 진화가 그것이다.

 첫째, DNA는 모든 생명 현상을 지시하는 유전 정보를 갖고 있다. 마치 영어의 알파벳이 조합되어 단어로서의 의미를 전달하는 것처럼, 네 가지 뉴클레오티드의 조합에 생경에 대한 정보가 담겨 있는 것이다. 생물의 DNA가 갖고 있는 유전 정

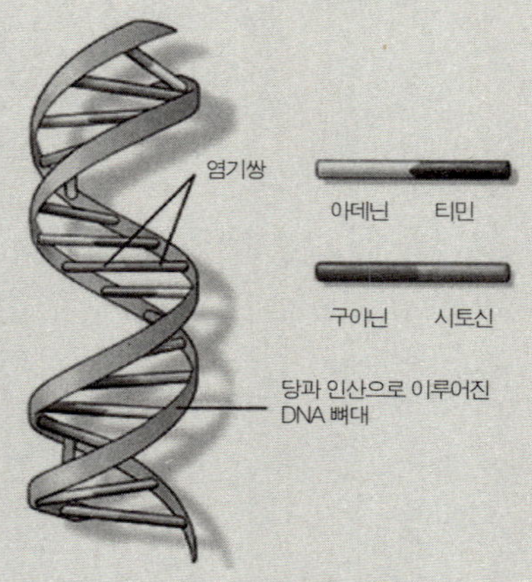

DNA의 구조

이중 나선 구조를 그리고 있는 DNA의 뼈대는 인산과 당으로 이루어져 있고, 뼈대 안쪽으로 네 가지 염기(아데닌, 구아닌, 시토신, 티민)가 달려 있다. 이 염기의 순서가 바로 유전 정보다. 한쪽 가닥에 달린 염기가 다른 쪽 가닥에서 나온 염기와 결합해서 염기쌍을 이룬다. 곧, DNA 분자의 이중 나선이 두 가닥으로 풀어지면서 주위에 있던 염기들이 그 풀어진 DNA 가닥에 결합함으로써 완전하고 동일한 두 개의 DNA 분자가 만들어진다. 새로 만들어진 분자는 각각 완전한 DNA 암호를 갖게 된다.

보의 양은 실로 엄청나다. DNA 분자의 전체 길이가 어마어마하기 때문이다. 예를 들어, 인간의 게놈 – 부모가 저마다 자식에게 물려주는 DNA – 은 약 30억 개의 염기쌍으로 이루어져 있는데, 만일 한 사람의 게놈을 종이에 인쇄한다면 한 장에 3,000개의 글자(영어 단어 500개에 해당한다)가 들어가는 1,000페이지의 책 1,000권이 필요하다. 물론 과학자들은 사람이나 다른 생물의 게놈 전체를 종이에 인쇄하지는 않고 컴퓨터에 보관한다

DNA가 갖고 있는 두 번째 속성을 보면 생물의 유전 정보가 어떻게 해서 정확하게 전달되는지를 알 수 있다. DNA의 이중 나선 구조를 이루는 두 가닥은 동일한 유전 정브를 갖고 있는데, 각각의 가닥이 주형의 역할을 하면서 원래의 것과 동일한 새로운 이중 나선 구조를 합성해 낸다. 그리고 그 두 가닥은 양쪽의 염기가 쌍을 이루어 서로 연결되는데, 한 쪽의 A는 다른 쪽 T와 쌍을 이루고 C는 G와 쌍을 이룬다. 이를테면, 한 가닥의 염기 서열이 ATTCAGCA…이라면 다른 한 가닥의 염기 서열은 TAAGTCGT…가 된다. 이러한 상브적인 구조 덕분에 생물은 충실하게 유전을 이루어 가는 것이다. DNA가 재생산될 때, 나선형으로 꼬여 있던 두 가닥이 풀어지면서 각각의 가닥이 주형이 되어 새로운 이중 나선 구조가 생겨난다. 결국 새로 생긴 두 개의 이중 나선 구조는 서로 동

일하고 또한 원래의 DNA 분자와도 동일하다. 예를 들어, ATTCA GCA…의 가닥에는 원래의 DNA 분자에서의 짝과 동일한 TAAGTCGT…의 가닥이 생겨난다. 마찬가지로 TAAGT CGT…에는 ATTCAGCA…라는 또 다른 가닥이 형성되면서 어머니 격인 이중 나선 구조와 형제 격인 이중 나선구조와 동일해지는 것이다.

DNA가 갖고 있는 세 번째 기본적인 속성은 가끔 돌연변이가 일어나서 생물의 진화를 가능하게 한다는 것이다. 방금 앞에서 설명했듯이, DNA 염기 서열에 담겨 있는 정보는 복제를 하는 동안 대체로 충실하게 재생산됨으로써, 복제된 두 개의 DNA 분자는 서로 동일할 뿐더러 모분자와도 동일해진다. 이러한 복제 과정은 매우 충실하게 진행되지만 완벽하지는 않다. 때때로 복제를 하는 동안 DNA 분자 안에서 돌연변이가 일어나면 자식 세포의 염기 서열이나 DNA 길이가 부모 세포와 달라진다. 돌연변이는 보통 하나의 뉴클레오티드에서 일어나지만 때로는 몇 개의 또는 꽤 많은 뉴클레오티드에서 일어날 수도 있다. 어느 생물의 세포 안에 있는 DNA에 돌연변이가 일어나면, 그렇게 해서 새로 변화된 DNA는 그 자식의 세포로 전달된다.

최근 유럽 역사에 중요한 영향을 미친 악명 높은 돌연변이의 예로, 치명적이라고 알려진 질병인 혈우병이 있다. 혈우병은 X 염색체의 돌연변이가 원인이다. 인간의 성별은 X 염색체에 의해 결정된다. 여성은 두 개의 X 염색체를 갖고 있고 남성은 X 염색체 하나와 Y 염색체 하나를 갖고 있다. X 염색체에 혈우병 돌연변이를 가진 여성들은 혈우병에 걸리지 않지만, 아들에게 전달하면(절반의 확률) 아들이 혈우병 돌연변이를 가진 X 염색체를 물려받게 된다.

과거 대영제국의 빅토리아 여왕(1819-1901)의 X 염색체에서 혈우병 돌연변이가 일어났다. 그 돌연변이는 그녀의 딸들과 손녀딸들을 통해 러시아, 스페인을 위시한 유럽의 다른 왕족들에게까지 전달되었다. 제정 러시아의 황제인 니콜라스 2세의 외아들 알렉세이 황태자는 빅토리아 여왕의 손녀인 어머니 알렉산드라 황후로부터 혈우병을 물려받았다. 스페인의 왕위 계승자였던 알폰소 왕자 역시 빅토리아 여왕의 또 다른 손녀인, 어머니 에나 왕비로부터 혈우병을 물려받았다. 정치역사가들은 두 왕족이 몰락하게 된 원인 가운데 하나로 왕위 계승자들의 혈우병이 작용했다고 믿는다.

진화에 관여하는 돌연변이는 성세포(난자와 정자)나 성세포가 들어 있는 세포 안에서 일어난다. 성세포가 다음 세대를 생산하기 때문이다. 성세포가 아닌 다른 세포 안에서 일어나는 돌연변이는 종종 사소한 것이거나 드러나지 않는 채로 지나갈 수 있다. 하지만 어떤 돌연변이는 암과 같은 질병을 일

으키기도 한다. 어떤 사람은 양쪽 눈의 빛깔이 서로 다른 특
이한 경우도 있는데, 실제로 그런 사람이 드문 이유는 그러한
돌연변이가 드물게 일어나기 때문이다.

과학자들은 돌연변이가 어느 정도의 비율로 일어나는지
알아보기 위해 다양한 생물을 대상으로 조사해 왔다. 이 조사
는 대부분 눈의 빛깔이 달라지는 것처럼 눈에 보이는 결과를
가져오는 돌연변이에 집중해 왔지만, 한편으로는 질병을 일
으키는 대사 작용의 돌연변이에 대해서도 실시해 왔다. 사람
을 비롯한 다른 동물들에게서 일어나는 돌연변이의 비율은
보통 10만 분의 1에서 100만 분의 1의 사이에 있다. 돌연변
이 비율이 이처럼 매우 낮은데도 모든 종에서 모든 세대에 걸
쳐 새로운 돌연변이가 나타나는 까닭은, 각 종마다 수많은 개
체가 있고 각 개체마다 수많은 유전자를 갖고 있기 때문이다.
인류의 인구는 60억이 넘는다. 따라서 돌연변이가 100만 명
에 1명 꼴로 일어난다고 해도 모두 합하면 6,000명이 새로운
돌연변이를 갖게 된다.

DNA 돌연변이는 생물의 진화를 가능하게 한다. 그렇지만
지금보다 돌연변이가 훨씬 더 자주 일어난다면 수많은 결함
을 빚어내어서 대혼란이 일어날 수 있다. 돌연변이는, 생물이
수천 세대에 걸쳐 생존과 번식에 이로운 방향으로 진행시켜
온 자연선택에 따라 형성된 DNA 서열을 혼란시키기 때문

에, 유익하기보다는 기형이나 질병을 일으킬 가능성이 더 크다. 그러나 위에서 설명한 것처럼, 돌연변이는 각 세대에 여러 가지 새로운 유전적 변이를 제공하며, 치명적이거나 크게 해롭지 않다면 이전 세대로부터 전해지는 돌연변이에 추가된다. 따라서 모든 종은 유전적으로 동일한 개체들이 아니라 수많은 돌연변이를 통해 서로 다른 특성을 갖는 개체들로 구성된다.

이것이 바로 생물이 새로운 환경의 도전에 적응하며 생존할 수 있는 근거이다. 예를 들어, 살충제 디디티DDT를 많이 사용하는 지역에서는 100종이 넘는 벌레들이 디디티에 대한 내성을 갖고 있다. 이 벌레들은 디디티 합성물질을 직접 만난 적이 없지만 과거의 진화 역사에서 이전 세대에 일어난 돌연변이로 디디티에 저항해서 생존할 수 있는 적응 능력을 물려받은 것이다. 또한 디디티에 내성을 가진 벌레들이 살아남아 다음 세대를 생산하였기 때문에, 그러한 적응 능력을 가진 벌레들은 자연선택에 의해 더 빠른 속도로 번식을 했다.

항생물질 및 다른 의약품에 대해 내성을 갖고 있는 병원균과 기생충 역시 위와 같은 과정에서 생긴 결과다. 어떤 환자에게 이를테면 결핵균과 같은 특정한 병원균을 죽이는 항생물질을 투입하면 대다수의 병원균이 죽지만 수백만 개 중에 하나는 그 항생물질에 대해 내성을 갖는 돌연변이를 일으킬 수 있다. 그리고 그러한 내성을 가진 병원균이 살아남아 번식하게 되면, 그 항생물질로 더는 그 병원균에 감염된 환자를 치료할 수 없다.

그래서 최근에는 항생물질 칵테일(세 가지 이상의 항생물질을 병행하여 투약하는 방법 . —옮긴이 주)로 병원균에 의한 질병을 치료한다. 만일 어떤 특정 항생물질에 내성을 가진 돌연변이가 일어날 확률이 100만 분의 1이라면, 어떤 병원균이 세 가지 돌연변이를 갖고 있으면서 각각의 돌연변이가 세 가지 항생물질 중 하나에 대해 내성을 갖고 있을 확률은 100만의 3제곱 분의 1이 된다. 따라서 어떤 환자에게 세 가지 항생물질 모두에 내성을 가진 병원균이 존재할 확률은, 전혀 없다고 할 수는 없지만, 거의 가능성이 희박하다.

어떤 생물에게 유리한 돌연변이가 일어나면 그 돌연변이를 가진 개체의 수효가 빠른 속도로 증가한다. 인류 진화의 역사에서도 우리의 조상에게 유리한 돌연변이가 일어났고, 그러한 돌연변이들은 지금 인간이 갖고 있는 고유한 특징이 되었다. 예를 들어, 언어와 관련된 기능을 지닌 것으로 확인된 유전자 FOXP2는 본디 포유류에게서 폐의 상피가 발달하는 데 중요한 역할을 하는 유전자인데, 인류의 진화 과정에서 일어난 두 번의 돌연변이를 통해 언어를 담당하는 새로운 기능을 하게 되었다. 언어 사용에 필수적인 역할을 하는 이 돌

내가 원숭이라구?

연변이 유전자는 자연선택에 의해 급속도로 인류 전체로 확산되었다. 이것은 약 20만 년 전에 일어난 일로 추정되며 현생인류가 나타난 시기와 대략 일치한다. 최근에 FOXP2 유전자가 손상을 입으면 중증의 언어장애가 생긴다는 사실이 확인되었다.[*]

1996년의 어느 날 옥스퍼드의 '웰컴재단 인간유전학센터'에서 일하던 앤서니 모나코Anthony Monaco와 사이먼 피셔Simon Fisher에게 런던 아동건강연구소의 한 의사가 특이한 언어장애를 가진 가족의 문제를 상담하려고 찾아왔다. 그 가족은 3대에 걸쳐 가계의 절반인 24명이 언어 및 문법 능력에 심각한 장애를 겪고 있었다.

모나코와 피셔의 연구진은 언어 유전자에 이상이 생겨 그런 것은 아닌지 의문을 갖고 몇 년 동안 연구한 끝에 7번 염색체의 FOXP2 유전자에서 언어장애를 일으키는 돌연변이가 일어났음을 알아냈다. 이 유전자는 얼굴 근육의 움직임을 제어함으로써 언어를 능숙하게 구사할 수 있는 능력에 관여하는 유전자이다. 또 그 가족들은 이 유전자가 만드는 단백질로 이루어진 것으로 보이는, 뇌의 언어중추를 이루는 회백질이 정상인보다 작았다.

뒤이어 영장류에 대한 연구로 유명한, 독일 '막스 플랑크 영장류연구소'의 스반테 파보Svante Paabo 박사와 공동 연구를 시작했다. 그들은 원숭이나 침팬지가 말을 하지 못하는 이유가 혹시 FOXP2 단백질을 만드는 유전자가 다르기 때문이 아닌지를 조사한 끝에, 침팬지는 이 단백질을 만드는 715개의 아미노산 가운데 2개가 사람과 다르다는 것을 발견했다. 인간의 FOXP2데 돌연변이가 일어난 것은 13만 년 전에서 20만 년 전 사이로 추정되는데, 이는 현생인류가 탄생한 시점과 일치한다.

이 연구 결과는 2002년 과학 잡지 「네이처」에 발표되었다.

　　진화에서 또 다른 중요한 결과를 불러오는 돌연변이로 유전자 중복이 있다. 만일 어떤 유전자가 중복되어 두 개가 되면 한 유전자는 원래의 역할을 계속하는 한편 다른 하나는 새로운 기능을 갖게 되는 것이다. 잘 알려진 예로, 글로빈 유전자의 진화와 호흡과의 관계가 있다. 먼 옛날 언젠가 글로빈 유전자가 중복이 되어 두 개가 되었고, 그 결과 한 유전자는 근육의 산소 대사에 관여하게 되고(미오글로빈) 다른 하나는 혈액의 산소 대사에 관여하게 되었다(헤모글로빈). 그 뒤에 다시 헤모글로빈 유전자에 중복이 일어나 서로 다른 종류의 두 가지 구성 요소(폴리펩타이드)로 이루어진, 매우 효율적인 현대인의 테트라머 헤모글로빈으로 진화할 수 있었다. 인간 성인의 헤모글로빈의 98퍼센트를 구성하는 헤모글로빈 A는 두 개의 알파 폴리펩타이드와 두 개의 베타 폴리펩타이드로 이루어져 있다. 유전자 중복이 일어날 때마다 인간 태아에서 활동하는 감마 유전자처럼 특수한 유전자가 추가된다.

　　DNA는 생물의 발달과 기능을 결정한다고 해서 '마스터 분자'라고 불리기도 한다. DNA는 환경(생물이 사는 숲이나 강 같은 외부 환경 및 세포의 환경)과의 상호작용에서 생물들의 특징, 곧, 그들의 외양뿐 아니라 행동까지 아우르는 '형질'을 결정한다. DNA는 이러한 '주인으로서의 권력'을 두 가지 중간 단계를 통해 행사한다. 첫 번째 단계에서는 DNA 이중 나

산소 대사를 담당하는 글로빈 유전자의 진화 역사

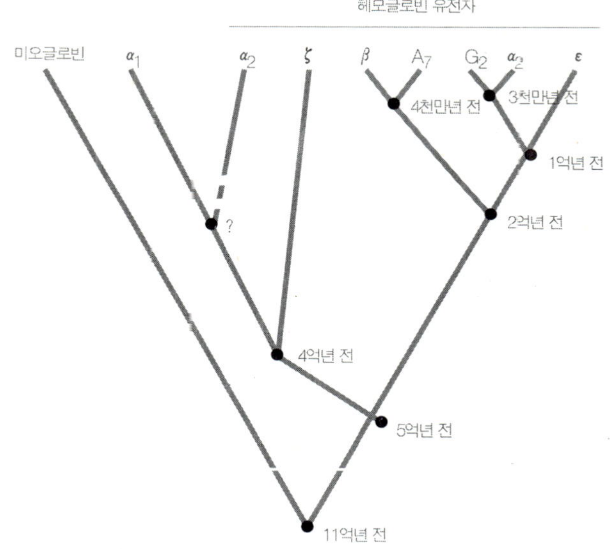

글로빈 유전자는 오랜 시간의 간격을 두고 유전자 중복이 여러 차례 일어났고, 그때마다 두 개의 유전자가 각각 서로 다른 기능을 갖게 되었다. 검은 점들은 유전자 중복이 일어나면서 새로운 유전자의 가계가 출현한 시점을 나타내고 있다. 최초의 유전자 중복에서 하나의 유전자가 근육 안에서 산소 대사에 관여하고(미오글로빈) 또 다른 유전자는 혈액 속에서 산소를 전달하는 역할을 맡게 되었다(헤모글로빈). 그런 뒤에 헤모글로빈 유전자는 다시 중복을 거듭하면서 계속 특수한 유전자가 추가되었다.

선 구조의 염기 서열이 갖고 있는 정보가 '전령 RNA'(RNA는 리보핵산의 줄임말)라고 불리는 새로운 종류의 분자로 전사된다. 이러한 전사 과정은 DNA의 복제에서와 같은 규칙으로 복사가 되는데, 다만 RNA는 티민(T) 대신에 우라실(U)을 갖고 있다. 따라서 DNA의 염기 서열이 예를 들어 ATTCAGCA…라면, RNA에는 UAAGUCGU…로 전사가 된다.

DNA는 세포핵 안에 있으며, 세포핵 안에서 전령 RNA로 전사된다. 그러면 그 전령 RNA가 핵으로부터 나와 세포의 주체인 세포질로 옮겨가 그 곳에서 단백질이나 폴리펩타이드(아미노산의 중합체를 말한다. 소수의 아미노산이 연결된 형태를 폴리펩티드라 부르고 여러 가지 아미노산이 연결되면 단백질이 된다. ─옮긴이 주)로 '변화'한다. 폴리펩타이드는 단백질을 구성하며, 단백질은 하나 이상의 폴리펩타이드로 구성된다. 예를 들어, 혈액의 주성분인 헤모글로빈은, 앞에서 말했듯이, 알파헤모글로빈 두 개와 베타 헤모글로빈 두 개씩 해서 모두 네 개의 폴리펩타이드로 이루어져 있다.

단백질은 아미노산이 사슬처럼 연결되어 있는 것으로, 아미노산은 종류가 스무 가지가 있다. 염기 서열 안에 담긴 DNA 정보가 아미노산의 서열로 바뀌는 것이다. 그렇다면, 네 가지 염기로 된 DNA와 역시 네 가지 염기로 된 RNA가 어떻게 해서 스무 가지 아미노산으로 구성된 단백질로 바뀌

내가 원숭이라구?

는 것일까?

그 방법은 전령 RNA를 세 글자씩 한꺼번에 읽는다고 보면
된다. 다시 말해, 전령 RNA의 염기 세 개가 한 조를 이루어
아미노산을 이루는 최소 단위가 된다는 것이다. 이렇게 염기
세 개가 연속된 것을 '트리플렛' 또는 '코돈'이라고 부른다.
예를 들어, 트리플렛 AGC는 '세린'이고, 트리플렛 AUG는
'메티오닌'이다. (세린과 메티오닌은 스무 가지 아미노산 가
운데 두 가지다.) 뉴클레오티드의 네 염기를 세 개씩 묶어 결
합하면 64가지 조합이 가능하므로 실제로 조합 가능한 유전
자 암호는 스무 가지보다 훨씬 더 많은 셈이다. 어떤 아미노산
은 여러 가지 트리플렛(코돈)으로 암호화되기도 한다. 예를
들어, 세린은 AGC 외에 트리플렛 AGU로도 암호화된다.

단백질에는 두 종류가 있다. 한 종류는 생물의 몸을 구성하
는 필수적인 성분이다. 이를테면, 콜라겐 성분은 뼈를 구성하
는 주요 단백질이다. 또 다른 단백질 종류는 모든 생물에서 일
어나는 화학 반응을 중재하는 촉매제인 효소다. 효소는 세포
안의 모든 생명 현상을 중재하는 분자 기계라고 볼 수 있다.
곧, 효소는 하나의 물질이 다른 물질로 전환되는 과정을 촉진
한다. 세포 안에서 생산되는 대부분의 화학 물질들은 효소가
촉매로 작용해서 일어나는 일련의 연쇄반응에 의해 만들어지
는 결과물이다.

효소는 놀랍도록 능률적인 기계다. 사람이 만드는 어떤 기계보다도 수천 배, 수백만 배 더 능률적이다. 첨단 기술로 잘 알려진 나노Nano 기술은 바로 효소와 같은 작용을 할 수 있는 분자를 만들어서, 현재 정보기술을 비롯한 산업에서 사용하는 기계들보다 훨씬 더 능률적인 제품을 생산하는 것을 목적으로 한다.

단백질 형성을 담당하는 유전 정보는 모두 DNA의 염기 서열에 담겨 있다. 그래서 DNA 분자가 생물의 유전을 충실하게 이루어지게 하는 한편, 더러 DNA 돌연변이의 결과로 진화가 일어나는 것이다.

2장에서는 진화가 이론인 동시에 사실이라고 이야기했다. 그 증거로 다음 장에서는 고생물학, 해부학, 생물지리학 그리고 분자생물학의 연구 결과들에 대해 살펴보겠다. 전문가들이 접근할 수 있는 진화의 증거는 무수히 많다. 해마다 수백 권의 책이 나오고 수십 종의 과학 잡지에 수천 편의 연구 논문이 실리고 있다. 서문에서 이야기했듯이 과학자들은 생물의 진화론을 원자 이론과 다른 유전 이론과 마찬가지로 확고하게 자리 잡은 이론으로 받아들이고 있다.

유전자 변이의 예

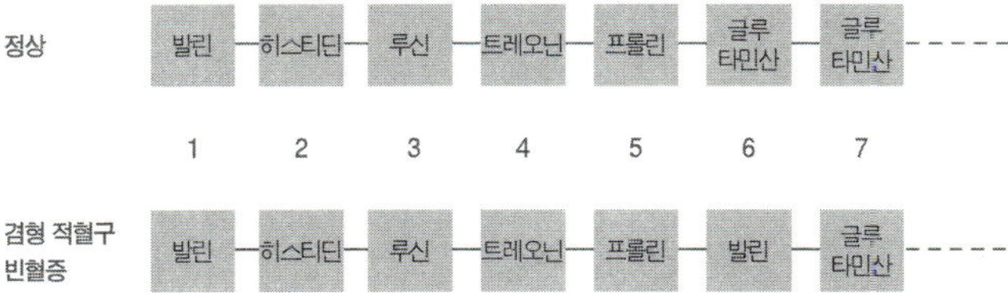

사람의 혈색소는 헴heme과 글로빈globin으로 이루어지며, 글로빈은 두 개의 알파 폴리펩타이드 사슬과 두 개의 베타 폴리 펩타이드 사슬로 구성된다. 베타 폴리펩타이드는 전부 146개의 아미노산으로 구성되어 있다.

위 그림에서 첫 번째는 정상적인 베타 사슬에 있는 아미노산들이다. 그런데 두 번째에서는 베타 폴리펩타이드의 유전자 코드에 변이가 일어나서 글루타민산이 발린으로 바뀌었다. 부모 두 사람 모두에게서 이러한 변이 유전자를 물려받은 사람은 정상적인 헤모글로빈 A를 생산할 수 없기 때문에 '겸상 적혈구 빈혈증'이라는 심각한 질병에 걸린다.

그런데 부모 가운데 한 사람에게서 변이 유전자를 물려받고 나머지 한 사람에게서는 정상 유전자를 물려받은 사람은 이 질병에 걸리지 않을 뿐 아니라, 열대지방에서 흔하게 걸리는 악성 전염병인 말라리아에 대한 저항성을 갖게 된다. 따라서 변이 유전자와 정상 유전자를 양쪽 부모에게서 물려받아 두 가지 유전자를 가진 사람은 같은 유전자 두 개를 가진 사람보다 생존에 좀 더 유리한 조건을 갖게 된다.

내가 원숭이라구?

내가 원숭이라구?

모든 과학자가 진화를 인정하는가?

대다수의 생물학자들은 진화를 인정한다. 진화의 증거에 대한 전문적인 지식을 갖고 있는 사람이라면 진화를 부정할 수가 없다. 과학자들은 동식물의 진화론적인 기원이 합리적 의심의 여지가 없는 과학적인 결론이라는 사실에 동의한다. 그 증거는 모든 생물학 분야—다윈의 시대에는 존재하지 않던 학문들까지 포함해서—에서부터 나오기 때문에 그만큼 확실하고 포괄적이다. 다윈과 다른 생물학자들은 19세기 후반에 해부학, 발생학, 생물지리학, 지질학, 고생물학처럼 일찍이 19세기에 성숙했던 다양한 분야로부터 설득력 있는 증거를 확보했다. 그 뒤 그런 전통적인 생물학 분야뿐만이 아니라 유전학, 생화학 생태학, 행동생물학, 신경생물학, 그리고 분자생물학과 같은, 비교적 최근에 생긴 생물학 분야에서도 진화의 증거가 쏟아져 나오면서 생물의 진화는 갈수록 더 확실해지고 포괄적이 되고 있다.

2장에서 보았듯이 진화 연구는 세 가지 서로 다른 주제에 관심을 갖는다. 진화의 증거가 너무나 강력하기 때문에 오늘날 생물학자들은, 대중들에게 진화를 설명하거나 진화를 인정하지 않는 사람들과 토론을 할 때를 제외하고는, 첫 번째 주제—진화의 증거—에 대해서 더는 관심을 기울이지 않는다. 진화에 대한 증거는 더 이상 필요하지 않지만 계속해서 축적되고 있다.

오늘날 진화 연구는 진화가 어떤 과정에 의해 일어나는지에 대한 원인과 메커니즘에 대해, 그리고 실제로 지금까지 진화가 어떤 방식으로 일어났는지를 연구하는 생물의 계통발생론과 진화의 역사에 대해, 한층 더 자세히 파고 들어가고 있다. 그 가운데 어떤 연구는 특정한 생물의 역사적인 진화 과정에 초점을 맞추기도 한다. 그것은 연구자들이 특정한 생물에 흥미를 갖고 있거나, 아니면 농경, 의학, 산업 분야에서 어떤 문제를 해결하는 데에 실용적으로 응용하기 위해서다. 이를테면, 재배 옥수수가 테오신트라고 하는 멕시코 야생식물에서 유래했다는 사실을 확인한 예가 그런 경우다.

한 생물이 죽으면 보통 박테리아와 다른 생물 또는 풍화작용에 의해 분해된다. 하지만 드물게 신체의 일부나 전부—특히 치아, 뼈, 조개껍질과 같은 단단한 부분—가 진흙 속에 묻히거나 또는 어떤 식으로든 포식자나 분해, 풍화로부터 보호를 받음으로써 보존이 된다. 또 어쩌다가 바위 안에 박혀서 화석으로 영구히 보존되기도 한다. (진흙과 다른 퇴적물은 오랜 시간이 지나면 석회암이나 다른 종류의 바위가 될 수 있다.)

화석 기록은 불완전하다. 생물의 일부만 화석으로 보존이 되는데에다 또한 고생물학자들이 발굴해서 연구하는 화석이 전체 화석의 아주 작은 부분에 불과하기 때문이다. 그렇긴 하지만, 많은 화석들이 시간이 지나면서 상당히 자세한 부분까지 복원되고 있다. 예를 들어 말의 진화를 보면, 약 5,000만 년 전에 살았던 개 크기의 동물로서 발가락이 여러 개이고 초식(나무와 관목의 연한 새싹, 잔가지, 잎사귀를 먹는)을 하기에 적절한 치아를 갖고 있던 히라코테리움에서부터 현재의 말과 같은 크기에 발굽이 하나이며 풀을 먹기에 적절한 치아를 갖고 있던 에쿠스에 이르는 역사를 추적할 수 있다. 그리고 히라코테리움과 에쿠스 사이의 화석들은 말이 여러 단계를 거치면서 점진적으로 변화했음을 보여 준다.

특히 흥미로운 것은 잘 알려져 있는 주류 그룹 사이의 중간 화석들이다. 2장에서 설명한 두 가지 예로, 시조새와 틱타알

모든 과학자가 진화론을 인정하는가?

말의 진화

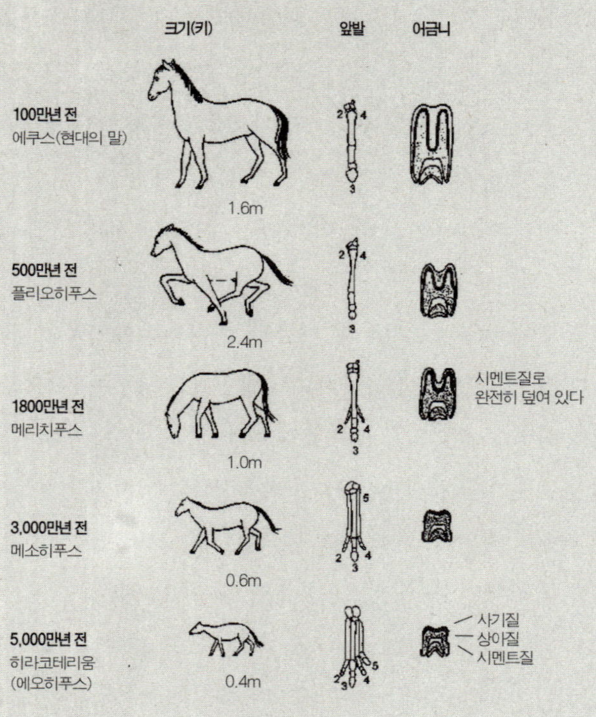

5,000만 년 전에 살았던 에오히푸스(히라코테리움)는 여우만한 작은 동물로 앞발과 뒷발에 각 네 개와 세 개의 발가락이 있었지만 각각 세 개의 발가락만이 기능을 했으며, 작은 앞니로 풀보다는 어린 잎을 먹고 살았다. 3,000만 년 전에 나타난 메소히푸스는 키가 조금 더 컸고 발가락 세 개 중 가운데발가락이 더 커져서 발굽의 형태를 갖추기 시작했다. 500만 년 전에 나타난 플리오히푸스는 발가락 한 개로 완전한 기능을 하게 되었고 100만 년 전에는 현재의 말의 모습과 흡사한 에쿠스가 나타났다.

— 위키피디아 영문판

시조새의 화석은 공룡(다충류)과 조류의 중간 단계의 특성을 보여준다. 시조새는 쥐라기 후기인 약 1억 6천만 년 전 중부 유럽에서 살았던 까마귀 정도 크기의 작은 동물이었다. 남부 독일의 바바리아 지방어서 보존 상태가 양호한 시조새 화석이 여러 점 발견되었는데, 최초로 발견된 것은 1861년이고, 가장 최근에는 2005년에 발견되었다. 시조새의 화석은 대부분의 뼈대가 두 발로 걷는 작은 공룡과 흡사한 반면, 두개골, 부리, 깃털과 같은 부분은 조류와 흡사했음을 뚜렷이 보여 준다.

— 베를린 자연사박물관 자코 제공

모든 과학자가 진화론을 인정하는가?

릭이 있다. 1억 6천만 년 전에 살았던 시조새는 파충류와 조류의 중간 단계 생물이다. 시조새의 화석을 보면 깃털을 갖고 있었던 것이 분명한 한편, 골격은 파충류와 같고 두개골과 주둥이 또한 조류처럼 생겼다. 시조새 화석들은 지금까지 오랜 세월에 걸쳐서 발굴되었는데, 다윈의 「종의 기원」이 출판되고 나서 2년 후인 1861년에 최초로 발견되었다. 다윈은 「종의 기원」의 개정판에서 그 최초의 시조새 화석에 대해 언급했다. 가장 최근에 발견된 시조새 화석은 지금 위스콘신의 한 사설 박물관에 관람용으로 전시되어 있다.

물고기와 사지동물(양서류) 사이에 있는 수많은 중간 단계 생물의 화석들도 오랜 세월에 걸쳐 발굴되었는데, 그 중에서도 틱타알릭이 무엇보다 의미 있는 발견이었다. 틱타알릭은 최근 2006년에 와서야 비로소 그 실체가 알려졌다. 틱타알릭의 화석은 캐나다 북극 지역인 누나부트의 엘즈미어섬에서 3억 8천만 년 전의 퇴적물 안에서 여러 점이 발견되었다. 과학자들이 특별히 그 시기의 퇴적물을 조사한 이유는 그 즈음에 최초의 사지동물이 진화했다고 추정하기 때문이었다.

그러나 중간 단계의 화석 가운데에서 무엇보다 사람들이 가장 흥미를 갖는 것은 인간과 인간의 선조인 영장류와의 중간 단계를 보여 주는 화석들이다. 1장에서 설명했듯이, 호미니드의 화석은 지난 백 년 사이에 수백 점이 발굴되었다.

내가 원숭이라구?

어류와 사지동물 사이의 중간 단계 생물의 화석

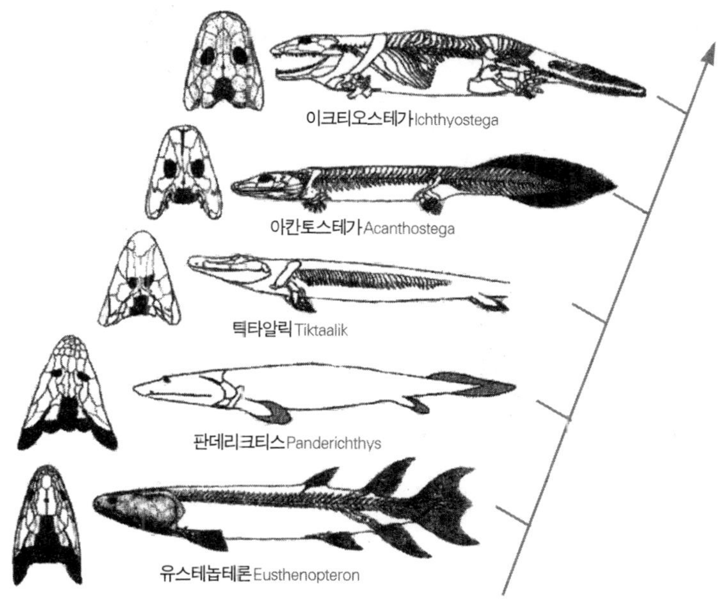

틱타알릭을 위시한 이 중간 단계 생물의 화석은, 3억 8천5백만 년 전(유스테눕테론: 가장 물고기와 비슷하게 생겼다)에서 3억 5천9백만 년전(이크티오스테가: 양서류의 뚜렷한 특징을 띠고 있다) 사이에 살았던 것으로, 어류예서부터 양서류(사지동물)로 진화하기까지의 과정을 보여 준다. 틱타알릭의 표본은 2006년 캐나다 북극 지방 누나부트 지역의 엘스미어 섬에서 약 3억 8천만 년 전인 후기 데본기의 하천 퇴적물 속에서 발견되었다.

―"고생물학: 물에서 뭍으로 올라서다," 페르 알베르크와 제니퍼 A. 클락, 네이처 440호2006년). 747쪽

모든 과학자가 진화론을 인정하는가?

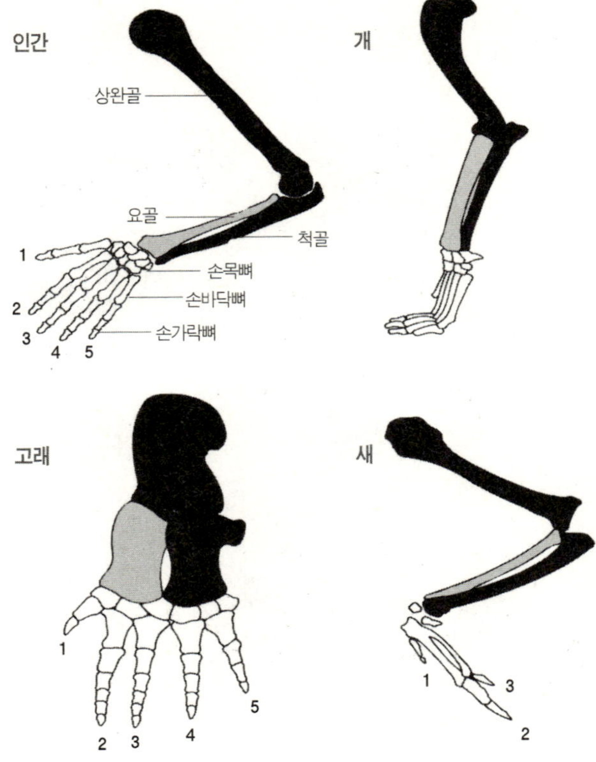

척추동물인 인간, 개, 고래, 새는 앞다리 골격이 서로 비슷하지만 저마다 다른 기능으로 사용한다. 생물들이 놀랍도록 비슷한 구조를 가지고 서로 전혀 다르게 사용하는 것에 대해, 진화학자들은 생물이 진화적으로 같은 기원에서 시작하여 서로 다른 생활 방식에 적응함에 따라 점진적인 변화를 일으킨 것이라고 설명한다. 혈통이 가까운 생물들은 서로 구조가 상당히 유사하지만, 진화 역사에서 혈통이 멀어질수록 유사성이 적어진다. 포유류와 조류의 유사성은 개와 고양이처럼 같은 포유류 종들 사이의 유사성보다 더 적고, 포유류와 어류 사이의 유사성은 더욱 더 적다. 이 같은 형태학상의 유사성은 진화를 입증해 줄 뿐더러, 진화론자들이 생물의 진화 역사를 재구성하는 데에도 도움을 준다.

바다거북, 새, 말, 박쥐, 사람, 고래는 저마다 생활방식과 생활환경이 다양하게 다른데도 골격이 놀라울 정도로 서로 비슷하다. 그 유사성은 특히 팔다리의 뼈에서 쉽게 찾을 수 있다. 설계자나 기계공학자의 관점에서 보면, 뼈 구조가 서로 비슷한 앞다리를 이용해서 바다거북과 고래는 헤엄을 치고, 개는 달리고, 사람은 글을 쓰고, 새나 박쥐는 날아다닌다는 사실이 사뭇 이상하게 보일 것이다. 아마 공학자가 새로 만든다면 저마다의 쓰임새와 목적을 위해 더 나은 팔다리를 설계할 수 있을 것이다. 하지만 그 모든 동물이 공동의 조상으로부터 골격 구조를 물려받았으며 서로 다른 생활 방식에 적응하면서 보완되었다는 사실을 인정한다면, 그들의 골격 구조가 비슷한 이유를 이해할 수 있다.

진화론은 초기에 발생학으로부터 도움을 받았다. 발생학은 동물의 수정란에서부터 태생이나 부화에 이르기까지의 발달 과정을 조사하는 학문이다. 동물들의 태아를 비교해 보면 예를 들어, 어류, 도마뱀류, 조류, 인류는 모두 초기 태아 단계에는 매우 비슷한 방식으로 발달하지만 출생에 가까워질수록 점점 뚜렷하게 차이를 드러낸다. 태아의 유사성은 서로 관계가 먼 동물들(예를 들어, 사람과 상어 사이)보다 관계가 가까운 동물들(예를 들어, 사람과 원숭이 사이)과의 사이에서 좀 더 오랜 기간 동안 유지된다.

모든 과학자가 진화론을 인정하는가?

다윈 핀치|Darwin' s Finch

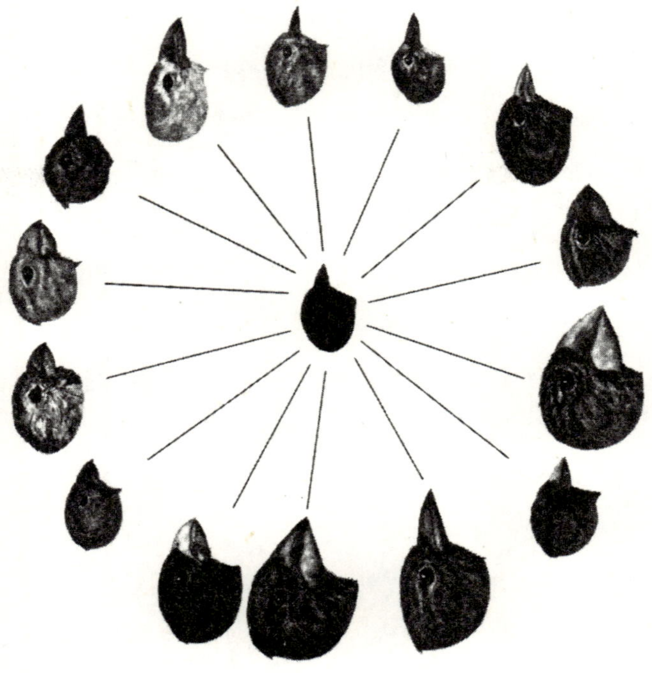

'다윈 핀치'라는 불리는, 갈라파고스 제도에 서식하는 되새류(핀치)는 공동의 조상으로부터
진화하여 14종으로 분화했다. 각각의 종은 서로 다른 음식을 먹으며 그들의 식습관에 따라
다른 모습으로 진화한 부리를 갖고 있다. 갈라파고스 제도의 섬들은 남아메리카의 서쪽 해안
에서 약 1천 킬로미터 떨어진 적도에 위치해 있으며, 하와이의 섬들처럼 화산 활동에 의해
약 450만 년 전부터 서로 다른 시기에 형성되었다. 약 300만 년 전 남아메리카 대륙에서 한
종의 핀치(되새류)가 갈라파고스 제도로 이동해 와서, 여러 섬에서 거주하는 동안 다양한 핀
치 종들로 진화한 것이다.
—브리태니커 백과사전, "진화와 그 이론"에서 인용

인간의 태아는 아가미 구멍을 갖고 있다. 아가미로 숨을 쉬지 않는 척추동물의 태아에서 이러한 구멍이 발견되는 이유는 조상이 물고기로부터 진화했기 때문이다. 진화는 태아의 초기 발달 과정에서 형성된 구조들이 출생하기 전에 없어지는 이유를 설명해 준다.

다윈은 식물과 동물의 지리적 분포에서 진화의 증거를 발견했다. 그 한 예로서, 그는 갈라파고스 제도에서 각 섬마다 각기 다른 종류의 거북과 되새류가 살고 있는 것을 관찰했다. 그리고 그들 거북과 되새류는 또한 그곳과 가장 가까운 남아메리카 대륙에서 볼 수 있는 종들과도 달랐다. 또 다른 예로, 세상에는 약 1,500백 종의 초파리가 있는데, 그 가운데 3분의 1이나 되는 종이 하와이의 여러 섬에만 서식할 뿐 다른 어

하와이 제도 고유의 식물군과 동물군 종의 수

아래 표에서 오른쪽 백분율은 하와이에만 서식하는 종의 비율이다. 다른 많은 종의 동식물은 최근에 인간에 의해 섬에 우입되었다.

	토종 생물종 수	백분율
양치류	168종	65%
화초	1729종	194%
달팽이	1064종	99%
초파리	510종	100%
기타 곤충들	3750종	99%
육지 포유류	0종	0%

모든 과학자가 진화론을 인정하는가?

느 곳에도 살지 않는다. 하와이 제도는 면적이 캘리포니아 지역의 5퍼센트도 되지 않는데도 말이다. 하와이에는 또한 현재 다른 곳에서 볼 수 없는 달팽이가 1,000종이 넘게 서식하고 있다. 한편, 하와이가 원산지인 포유류는 한 종도 없으며, 곤충류 역시 하와이가 원산지인 경우는 드물다.

이러한 현상 역시 진화로 설명할 수 있다. 하와이 제도와 갈라파고스 제도는 극히 고립된 곳이어서, 그곳에 서식하는 생물이 얼마 되지 않았다. 그들 소수의 생물이 여러 섬에 흩어져 사는 동안 저마다 자신들의 생태적 지위를 유지하기에 적합한 환경을 발견해서 다양한 종으로 분화한 것이다. 또한 하와이나 갈라파고스에 고유의 포유동물이 존재하지 않는 까닭은 포유동물은 살아서 그렇게 먼 군도에까지 다다를 수 없었기 때문이다.

분자 생물학은 「종의 기원」이 출판된 뒤 거의 100년이 지난 20세기 후반에 출현한 분야로, 생물의 진화에 대한 결정적인 증거를 제공하고 있다. 분자생물학은 두 가지 방식으로 진화를 증명한다. 하나는, 3장에서 설명한 것처럼, DNA의 속성에 담긴 생명의 일관성, 또 생물 체내에서의 효소와 다른 단백질 분자의 작용들을 알려 주는 것이고, 다른 하나는 전에는 알려지지 않았던 진화의 관계들을 재구성하여 살아 있는 생물들 사이의 모든 진화 관계를 확인하고 연대를 측정할 수

내가 원숭이라구?

있다는 것이다.

생명과학에서는 DNA와 단백질을 '정보 고분자'라고도 부르는데, 그 이유는 마치 알파벳 문자의 배열이 의미를 담고 있는 것처럼, 구성 성분들의 서열에 진화의 정보가 담겨 있는 단위들—DNA에는 뉴클레오티드, 단백질에는 아미노산—이 길게 이어져 있기 때문이다. DNA나 단백질을 구성하는 성분들의 서열을 비교해 보면 서로 다른 정보 단위들이 얼마나 많은지 알 수 있다. 진화는 보통 한 번에 하나의 단위가 변화하는 것으로 일어나기 때문에, 서로 다른 단위가 얼마나 많은지를 알면 공동의 조상이 얼마나 가까운지를 알 수 있다. 이처럼 진화의 역사를 연구하는 고생물학, 생물지리학, 비교해부학과 같은 분야들이 제시하는 추론들은 뉴클레오티드와 아미노산의 서열을 조사해서 살아 있는 생물의 DNA와 단백질의 분자를 연구하는 것으로 검증할 수 있다.

분자 진화에 대한 조사는 오로지 현존하는 생물의 종에 한해서만 실시할 수 있다. 오래 전에 멸종한 생물의 DNA와 단백질의 단위 서열은 현재의 분자생물학 기술로 조사할 수 있게 보존되어 있지 않다. 지금까지 분자생물학이 조사한 가장 오래된 화석들은, 이를테면, 이집트의 미라, 매머드, 네안데르탈인의 유해 등은 겨우 수천 년에서 6만 년 전의 것들이다. 그렇긴 해도, 분자생물학은 과거에 존재했던 어떤 종이 현존

모든 과학자가 진화론을 인정하는가?

하는 어느 특정한 생물의 조상임을 규명해 내는 따위로, 각 생물의 조상들의 진화 관계를 재구성하는 데에 크게 기여하고 있다.

분자 진화에 대한 연구는 정확성, 보편성, 그리고 다양성에서 다른 전통적인 생물학 분야나 비교해부학은 도저히 따라올 수 없는 탁월함을 지닌다.

첫째, 분자생물학은 손쉽게 수량화할 수 있어서 정확성이 뛰어나다. 서로 다른 생물의 고분자 비교에서 단위 서열을 알면 서로 다른 단위가 얼마나 많은지 간단하게 알 수 있으니, 각각의 종에서 뉴클레오티드나 아미노산을 정렬해 놓고서 서로 다른 것들의 숫자를 세기만 하면 되는 것이다. 두 번째 장점인 보편성은 종류가 아주 다른 생물들을 서로 비교할 수 있다는 것이다. 효모균, 소나무, 인간과 같이 전혀 다른 생물들을 서로 비교할 때, 비교해부학이나 고대생물학으로는 알 수 있는 것이 거의 없다. 하지만 그들 세 생물의 DNA와 단백질의 서열은 얼마든지 비교할 수 있다. 세 번째 장점은 다양성이다. 각각의 생물은 수많은 유전자와 단백질을 갖고 있는데, 그 모두가 동일한 진화 역사를 반영하고 있다. 따라서 만일 한 가지 유전자나 단백질을 조사해서 어떤 종들 사이의 진화 관계를 충분히 해결하지 못한다면 다른 유전자나 단백질을 추가로 조사해서 문제를 해결할 수 있다.

분자생물학은 다른 측면에서도 진화 연구에 도움이 된다. 유전자들은 진화 속도에서 큰 차이를 보이는데, 분자생물학은 유전자마다 다양한 수준의 해상도를 가진 진화 계보도를 구성할 수 있게 해 준다. 진화학자들은 오래 전에 일어난 진화 역사를 복원할 때는 느리게 진화하는 유전자들을 조사하고, 비교적 최근에 분화한 생물들의 진화 역사를 복원할 때는 빠르게 진화하는 유전자들을 조사한다.

이제 다윈이 들으면 기뻐할 법한, 그리고 분자 진화에 대해 잘 모르는 사람들을 깜짝 놀라게 할 만한 연구 성과가 나타나고 있다. 현존하는 생물의 진화 역사에서 지식의 간극은 더 이상 존재하지 않는다. 분자생물학의 발달 덕분에, 모든 생물의 조상인 최초의 생명체에서부터 지금 지구상에 현존하는 모든 종들에 이르기까지의 연결 과정을 보여 주는, 보편적인 생명의 계보도를 재구성하는 것이 가능해졌다. 이미 이 생명 계보도의 주요 뼈대는 완성되었고, 수많은 가지들에 관한 상세한 조사 결과를 담은 과학 논문이 매월 수십 건씩 발표되고 있다. 현존하는 생물의 DNA 서열에는 진화에 대한 무궁무진한 정보가 담겨 있기 때문에 사실상 진화론자들은 원하는 만큼 상세하게 현재의 생물들로 이어지는 모든 진화 관계들을 재구성할 수 있다. 충분한 시간과 연구비를 투자할 수만 있다면 어떤 질문에도 정확한 답을 구할 수 있다.

모든 과학자가 진화론을 인정하는가?

진화는 살아 있는 생물들 안에서 재생산과 돌연변이라는 자연선택에 의해 일어난다. 그렇다면 애초에 생명은 어떻게 시작되었을까? 다른 행성에도 생명체가 살고 있을까? 다음 장에서는 생명의 기원에 대해 우리가 알고 있는 것은 무엇이고 모르는 것은 무엇인지 알아보겠다.

5

84

생명은 어떻게 시작되었나?

거의 모든 생물학자들은 최초의 생명이 오늘날 살아 있는 생물들을 구성하고 있는 탄소, 질소, 산소, 수소와 같은 화학물질로부터 지구상의 자연현상에 의해 자연발생적으로 시작되었다는 사실에 동의한다. 과학자들은 또한 지구상에 살고 있는 모든 동식물이 하나의 생명체로부터 유래했다는 사실에 동의한다. 그렇다면 우리는 생명이 어떻게 시작되었는지를 알고 있는 것인가? 그렇다고는 할 수 없다. 생명의 기원에 대한 훌륭한 견해들과 훌륭한 실험 결과가 계속 발표되고 있지만, 아직까지 생명이 어떻게 시작되었는지에 대한 일반적인 동의는 없다. 다만, 우리가 분명히 알고 있는 사실은 지구상의 모든 생명이 하나의 기원으로부터 진화했다는 증거가 압도적이라는 것이다. 이 문제에 대해서는 좀 더 뒤에 가서 이야기하겠다. 우선 생명이 어떻게 시작되었는지를 설명하는 문제에 어떤 어려움이 있는지 살펴보자.

　먼저 "생명이란 무엇인가?"라는 질문으로 시작하겠다. 생명이 갖고 있는 두 가지 중요한 특성으로 유전과 물질대사(생명 과정에 필요한 에너지를 공급하고 새로운 유기물질을 합성하는 데 관련된 화학 과정—옮긴이 주)가 있다. 세포는 분열과 자가 복제에 의해 번식을 한다. 딸세포(세포 분열로 생기는 두 개의 세포)는 모세포와 동일한 구성 요소들을 물려받아 생명의 일관성을 유지한다. 그 구성 요소에는 세포의 화학적 장치, 곧, 어떤 화학물질이 만들어지고 그러한 화학물질들이 어떤 작용을 할 것인지를 지시하는 내용이 포함되어 있다. 그 내용 자체는 화학물질 속에 담겨 있다. 그러나 그러한 지시에 따라 화학물질이 만들어지기 위해서는 세포의 화학적 장치가 필요하다. 여기에서 닭이 먼저인지 달걀이 먼저인지를 가리는 문제가 제기된다. 화학적 장치가 어떻게 작용해야 하는지를 지시하는 화학물질은 화학적 장치가 없이는 만들어질 수 없기 때문이다. 가령 어떤 서류를 복사한다고 생각해 보자. 복사를 하려면 복사기가 필요하다. 아니면, 컴퓨터를 생각해보자. 어떤 지시를 수행하기 위해서는 하드웨어가 필요하고, 지시를 하기 위해서는 소프트웨어가 필요하다.

정보를 전달하는 성분은 DNA와 RNA 분자들이다. 앞에서 설명했듯이, DNA와 RNA는 네 가지 화학물질로 구성되어 있으며 DNA는 A, C, G, T, 그리고 RNA는 A, C, G, U로 표시된다. 유전 정보는 이 네 가지 염기의 서열에 담겨 있다. 한편, 화학반응('물질대사'라고 불리는)을 일으키는 장치로는 효소가 있다. 효소는 인간이 만드는 어떤 기계보다도 빠른 속도로 정확하게 화학반응을 유도할 수 있는 단백질이다. 단백질은 아미노산이라고 불리는 스무 가지의 구성 성분이 길게 이어져서 만들어진다.

세포는 수천 가지의 효소를 포함한 수십억 가지의 구성 성분으로 이루어져 있으며, 수천 가지 화학반응을 매우 효율적이고도 정확하게 수행한다. 그리고 화학반응이 일어나는 순서는 대체로 일정하다. 세포의 구조를 그린 그림을 보면 마치 전국의 도로망을 그려 놓은 것처럼 매우 복잡한 네트워크를 형성하고 있다. 고속도로와 간선도로, 국도, 차도, 골목, 진입로, 유전, 정유소, 주유소, 승용차, 트럭, 오토바이를 비롯한 다양한 교통수단, 강, 수로, 항구, 온갖 종류의 배, 공항, 항로, 비행기, 그리고 그 모든 것을 만드는 공장들이 있다. 세포 안에서 일어나는 화학반응과 화학 성분들의 네트워크는 그 어느 나라의 교통 체계보다 복잡해 보인다.

이번에는 한 나라의 도로망이 어떻게 시작되는지 생각해

생명은 어떻게 시작되었나?

보자. 아마 처음에 사람들이 자주 다니는 오솔길이 먼저 생기고, 그 뒤에 수레와 마차가 다니는 도로가 만들어졌을 것이다. 하지만 그 옛날 어디에서 처음 길이 생겼는지, 그 길이 어느 마을이나 도시를 연결하게 되었는지는 확실히 알기 어렵다. 하물며, 몇 십억 년 전에 지구상에 생긴, 생명의 흔적을, 그 기원을 추적하는 일은 말할 것도 없다.

생명이 처음 어떻게 시작되었는지를 알려면 가장 단순한 형태의 생명을 구성하는 원시의 구성 성분에 대해 알아볼 필요가 있다. 그러나 다시 한번 우리는 닭이 먼저인지 달걀이 먼저인지 하는 문제에 부딪친다. 우선 DNA나 RNA처럼, 모세포가 딸세포에게 어떤 효소를 어떻게 합성해야 하는지에 대한 정보를 전달하는 분자들에 대한 정보가 필요하다. 하지만 DNA나 RNA 분자들이 만들어지기 위해서는 생명 현상의 화학적 장치인 물질대사가 필요하다. 다시 컴퓨터에 비유해서 설명하면, 소프트웨어(분자들)는 컴퓨터(물질대사를 하는 장치)를 어떻게 구성할 것인지에 대한 정보를 갖고 있다. 하지만 소프트웨어의 정보를 읽기 위해서는 컴퓨터가 있어야 한다. 일단 컴퓨터가 있다면 아무 문제가 없다. 문제는 최초의 컴퓨터가 어떻게 만들어졌는가 하는 것이다.

1953년 시카고대학에서 화학을 공부하던 대학원생 스탠리 밀러Stanley Miller는 탁상용 유리 플라스크 안에 지구의 탄생 직후의 환경과 같은 조건을 재현하는 실험을 했다. 그는 암모니아, 메탄, 수소와 같은 무기 화학물질들을 플라스크 안에 섞어 넣고 수증기를 첨가하고 전류를 흐르게 해서 불꽃을 일으켰다. 일주일이 지나자 5리터 들이의 유리 플라스크 안에 아미노산과 더불어 요소 따위의 다른 유기화합물들이 형성되어 있었다. 이것들은 자연적으로는 오직 생물의 체내에서만 발견되는 것들이다. 밀러는 결국 효소의 중재 없이도 유기화합물이 형성될 수 있다는 사실을 입증한 것이다. 그리고 그 뒤에 좀 더 원시 지구와 유사한 조건에서 실시한 실험들을 통해 단순한 유기화합물이 자연발생적으로 형성될 수 있음이 확인되었다. 이러한 가능성은 수많은 실험을 거쳐 지금은 당연하게 받아들여지고 있다. 게다가 단순한 유기 분자들은 지구에 떨어지는 유성, 혜성, 그리고 성간 성운에서도 발견되고 있다.*

미국 항공우주국은 1997년 8월 화성에 생명체가 존재했을 수 있다는 간접 증거로 남극에서 발견된 화성의 운석에서 유기화합물을 발견했다고 발표했다. 운석에서 발견했다는 유기화합물은 생명체의 대사 작용에 의해 흔히 생기는 물질이었다. 생명의 기원에 관한 열쇠를 쥐고 있는 미생물도 수백 년 동안, 아니 그보다 훨씬 긴 시간 동안 포자 상태로 생존이 가능하다는 점이 증명되었으므로, 지구가 아닌 다른 별에서 떨어져 나온 돌 조각에서 생명체의 흔적이 지구에 전해졌을 가능성도 아주 배제할 수는 없다.

생명은 어떻게 시작되었나?

그렇다면 이러한 기본적인 재료들이 어떻게 결합해서 효소, DNA, 살아 있는 세포와 같은 더 복잡한 분자들을 형성했는지에 대한 질문이 남는다. 한 가지 그럴듯한 시나리오는, 먼 옛날 지구가 냉각되면서 바다가 형성되었고, 밀러를 비롯한 연구자들이 관찰했던 현상과 같은 무엇인가가 일어나 유기 분자들의 원시 수프*가 만들어졌으며, 오랜 시간(수백만 년

> **원시 수프**
>
> 1922년 봄 모스크바에서 열린 식물학회에서 러시아의 생화학자 오파린Alexsandr Oparin은 처음으로 원시 지구에서 자연발생적으로 생명체가 탄생한 과정을 설명하는 이론을 제시하고, 「생명의 기원(Origin of Life)」이라는 책을 펴 냈다. 그는 원시 지구의 대기가 메탄과 암모니아, 수소 수증기 등을 포함한 환원성 대기에서 생명체의 기본이 되는 유기화합물이 생성되었다는 '원시 수프'의 개념을 제시했다. 그리고 1953년에 스탠리 밀러Stanley Miller는 원시 지구와 같은 환경을 재현하여 아미노산과 요소를 비롯한 화합물의 생성을 확인함으로써 오파린의 가설을 실험으로 입증했다. 밀러가 실험에서 사용한 기체는 오파린이 주장한 환원성 기체로, 원시 지구에는 산화성 기체가 없을 것이라고 가정한 것이었다. 그런데 최근에 미국 항공우주국의 관측 결과에 의해 원시 지구가 산화성 대기라고 하는 주장이 대두되고 있다. 지구와 가까운 금성과 화성에 산화성 대기인 이산화탄소가 존재한다는 사실이 이를 뒷받침한다. 과학자들은 밀러의 실험 장치에 이산화탄소를 넣고 실험을 했는데 그 결과 환원성 대기만으로 실험했을 때보다 아미노산의 생성률이 현저하게 떨어졌다. 이러한 생명기원설의 약점은 진화론을 반대하는 창조론자들에게 공격의 빌미를 제공하고 있다.

내가 원숭이라구?

정도)이 지나면서 분자들의 우연한 결합이 이루어졌고 일부는 자기 복제를 하는 개체가 되면서 우리가 알고 있는 생명으로 진화하게 되었다는 것이다.

하지만 닭과 달걀의 관계 문제는 여전히 남아 있다. 효소가 없는 상태에서 어떻게 생명 현상을 수행하는 효소를 합성하는 유전 분자를 얻을 수 있는가? 1980년대 초에 토마스 R. 체크 Thomas R. Cech와 시드니 앨트먼Sydney Altman은 각각 독자적인 연구를 통해 일부 RNA 분자들이 자가 합성을 포함한 화학반응을 유도할 수 있다는 사실을 발견했으며, 그 공로로 1989년 노벨상을 수상했다. 그들의 발견은 닭과 달걀의 문제를 해결하는 데 중요한 기여를 했다. 현존하는 생물들이 갖고 있는 DNA 분자와 단백질 분자는 각각 유전이나 물질대사 중에서 한 가지 역할을 하지만, 리보자임이라고 불리는 RNA 분자들은 유전과 물질대사의 두 가지 역할을 다 수행할 수 있다. 이제 많은 과학자들은 생물학적 유전이 주로 DNA 분자 속에 담겨 있는, 지금과 같은 DNA 세상이 되기 전에 먼저 RNA가 지배하던 'RNA 세상'을 통과했을 것이라고 믿고 있다.

그래서 최근에는 리보자임 RNA 분자들이 원시 지구에 어떻게 자연발생적으로 형성되었고 마침내 RNA 세상이 되었는지를 밝히기 위한 연구가 진행 중이다. 리보자임은 다른

생명은 어떻게 시작되었나?

RNA 분자들과 마찬가지로, A, C, G, U 라는 문자로 표시되는 네 가지 뉴클레오티드로 구성되는데, 24개 정도로 제한된 뉴클레오티드들로 이루어진다. 뉴클레오티드는 다시 당 , 인산, 염기의 세 가지 성분으로 구성된다. 염기는 유일하게 뉴클레오티드에 따라 달라지는 구성성분으로 A, C, G, U의 네 가지가 있다. 과학자들은 당이 자연발생적으로 염기 C와 U에 연결될 수 있다는 사실을 최근에 발견했다.

먼 옛날 스스로를 복사함으로써 번식할 수 있는 RNA 분자들이 형성되었고, 그 RNA 분자들이 새로운 RNA 분자들을 합성하는 과정에서 실수(돌연변이)가 일어났으며, 자연선택에 의해 점점 더 복잡한 분자가 되다가 마침내 세포가 만들어졌다. 그리고 처음에는 박테리아의 것과 같은 단순한 세포에서 나중에는 동물, 식물 다른 진핵 생물의 것과 같은 복잡한 세포로 발전했다. 자연선택은 대체 가능한 변종들을 차별적으로 재생산한다. 일단 생식 가능한 원시 세포들이 생기면 그 중에서 어떤 세포들은 다른 것보다 더 활발하게 생식했을 것이다. 더 활발하게 생식하는 세포들은 다른 세포들을 제치고 점점 더 많아졌을 것이고, 결국 더 활발하게 생식하는 세포들이 종종 더 정확하게 유전 정보를 전달하고 더 효율적인 물질 대사를 했을 것이라고 추론할 수 있다.

그러면 우리는 이제 생명이 어떻게 시작되었는지 알고 있다고 말할 수 있는가? 그렇지 않다. 우리가 알고 있는 것은 원시 지구의 조건 아래에서 자연발생적인 화학 작용이 일어나 생명을 구성하는 재료, 유전 정보를 담은 핵산, 그리고 대사 작용을 하는 효소(곧, 모든 생명 현상을 구성하는 화학반응의 촉매가 되는 단백질)를 비롯한 유기화합물이 생겨났을 것이라는 정도다. 하지만 생명의 기원을 설명하려면 초자연적인 힘의 개입이 필요하다고 생각하는 것은 전혀 근거가 없다. 도로망의 비유로 돌아가서, 우리는 처음에 오솔길이 만들어지고 그로부터 많은 도로들이 연결되었을 것이라고 생각하지만, 다만 어디에서 어떻게 오솔길이 시작되었는지는 정확히 알지 못한다. 우리는 또한 지구상에서 원시 생명이 딱 한 번 시작되었다는 것을 알고 있다. 또는 여러 번 생명이 시작되었다고 해도 다른 원시 생명들은 소멸했을 것이다.

모든 생물이 하나의 기원으로부터 유래했다고 생각하는 이유는, 지금 지구상에 살고 있는 생물들이 기본적인 생명현상을 공유하고 있기 때문이다. 박테리아와 다른 미생물에서부터 동물, 식물, 곰팡이에 이르기까지 모든 생물은 공통된 특징들을 갖고 있다. 저마다 형태는 다 다르지만 모든 생물들이 공통적으로 갖고 있는 특징들을 열거하자면 끝이 없다. DNA만 하더라도 모든 생물이 갖고 있는 유전 분자이며, 어김없이 네 가지 뉴클레오티드로 이루어져 있다. 모든 생물들이 갖고 있는 단백질은 다양한 조합과 다양한 길이를 갖고 있는 스무 가지의 아미노산으로 이루어져 있다. 하지만 자연에는 수백 가지의 다른 아미노산이 존재한다. 또한 유전 정보가 핵으로부터 세포의 본체로 전달되는 복잡한 장치는 어느 생물이나 동일하다. DNA의 뉴클레오티드 서열은 RNA의 상보적인 서열로 전사가 되고, 이것은 다시 모든 생명현상을 수행하는 단백질과 효소를 구성하는 아미노산의 서열로 바뀐다. 이러한 변환은 생물체가 보편적으로 공유하고 있는 특정한 RNA 분자들(전령 RNA)과 RNA 단백질 복합체(리보솜)에 의해 일어난다. DNA 서열을 아미노산 서열로 전환하는 유전자 사전 또한 보편적으로 공유하고 있다. 이러한 생명의 일관성은 유전의 연속성과 모든 생물이 공동의 조상을 갖고 있다는 사실을 말해 준다.

지구는 아마 현재 태양계에서는 생명체가 살고 있는 유일한 행성일 것이다. 하지만 지구가 속해 있는 은하에는 약 1천억 개의 별들이 있고 그 가운데 상당수는 태양계를 갖고 있다. 그리고 우주에는 1천억 개가 넘는 은하가 있다. 그러니 우주 어딘가에 생명이 존재할 가능성은 얼마든지 있다. 은하, 별, 행성이 무수히 많은 만큼 기온, 화학적 구성, 생명의 적절한 특징들을 갖춘 행성들이 아마 우주 전체에 아주 많이 있을지도 모른다. 이 지구에 생명이 생기게 된 이유는 생명 활동에 적합한 조건이 지구에 존재하기 때문이다. 지구와 비슷한 조건을 갖추고 수십억 년의 세월이 흐른다면 어느 행성에서나 생명이 존재할 수 있다.

다른 곳에 존재할지 모르는 생명은 앞에서 말한 것처럼 지구상에 살고 있는 생물의 공동 기원을 보여주는 것과는 다른 특징들을 갖고 있을 것이다. 기본적인 화학원소조차 다를 것이다. 예를 들어, 탄소가 아닌 규소가 수소, 산소, 등과 결합해서 생물의 기본 분자를 구성할 수도 있다. 몇 십 년 뒤에, 또는 몇 세기나 몇 백 년이나 몇 천 년 뒤에 우리의 후손은 우주의 다른 곳에서 생명을 발견하게 될 것이다. 물론 그들은 지구상에 존재하는 생물의 특징들이 어떻게 생겨났는지에 대해 우리가 지금 알고 있는 것보다 훨씬 더 많이 알게 될 것이다.

다음 장에서는 많은 종교인들, 철학자들, 사회학자들, 역사가들이 큰 관심을 갖는 문제인 '진화'와 '종교적 믿음'(일반적으로 말하자면 '과학'과 '종교')의 관계에 대해 이야기하겠다. 진화와 종교는 양립할 수 있는가, 아니면 서로 대립 관계에 있는가?

생명은 어떻게 시작되었나?

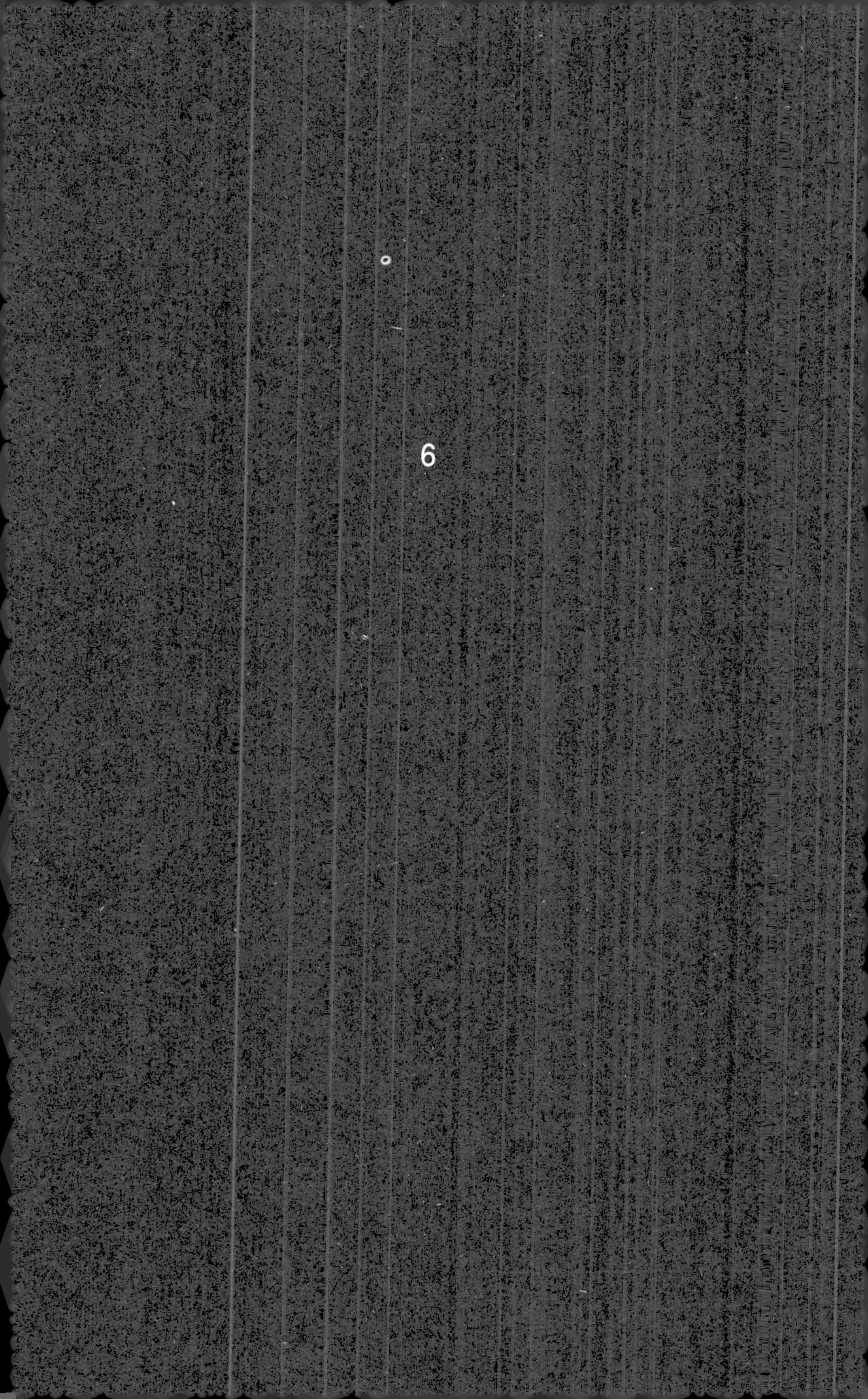

진화론과 창조론은 양립할 수 있는가?

나는 진화와 종교적 믿음이 서로 모순 관계에 있다고 생각
하지 않는다. 사실, 만일 과학과 종교를 제대로 이해한다면
그 둘은 별개의 문제이기 때문에 모순이 될 수 없다. 과학과
종교는 세상을 바라보는 서로 다른 두 개의 창과 같다. 그 두
창은 같은 세상을 향해 열려 있지만 저마다 세상의 다른 면을
보여 준다. 과학은 행성이 움직이는 방식, 물질과 대기의 구
조, 생물의 기원과 적응과 같은 자연현상을 설명하는 과정에
관심을 갖는다. 한편, 종교는 세상과 삶의 목적과 의미, 신과
다른 존재들과의 관계, 사람의 삶을 지배하고 고무하는 도덕
적 가치에 관심을 기울인다. 다만, 과학이나 종교가 자신의

경계를 넘어 상대방의 영역을 부당하게 침범할 때면 서로 모순을 드러낼 수밖에 없다.

과학은 지식을 구하는 한 가지 방법이지만 유일한 방법은 아니다. 지식은 여러 가지 원천에서 유래한다. 객관적인 경험, 상상력의 산물인 문학과 예술, 역사적 사실뿐 아니라 종교와 계시 역시 우리가 세상을 이해하는 데에 필요한 지식을 제공한다. 도덕이나 종교의 가치에 관한 문제와 세상과 인간의 삶에 담긴 의미는 과학 지식 너머에 있다. 그리고 그러한 문제는 우리 대부분에게 과학적 지식에 못지않게 중요하다.

과학과 종교는 둘 사이의 관계가 올바로 수립된다면 서로를 북돋우고 서로에게 영감을 줄 수 있다. 우리가 광대한 우주, 생물의 경이로운 다양성과 놀라운 적응력, 신비로운 인간의 뇌와 정신에 대해 경외감을 느낄 때, 과학은 종교적 믿음과 종교적 행동을 고무할 수 있다. 마찬가지로 종교는 창조와 인류에 대해 그러듯 자연계와 환경을 존중하도록 독려한다. 과학자들을 비롯한 많은 사람들에게 종교는 종종 신비로운 창조의 세계를 탐구하고 이 세상에 살면서 부딪치는 수수께끼에 대한 답을 찾도록 하는 동력이 된다.

일부 기독교인들은 진화론이 성경에서 나오는 천지창조 이야기와 다르다는 이유로 그들의 종교적 믿음과 양립할 수 없는 것처럼 생각한다. 성경의 창세기 첫 장에는 하나님이 우주와 동식물, 그리고 인간을 창조하는 이야기가 나온다. 물론 창세기를 글자 그대로 해석한다면 인류를 포함한 모든 생물이 자연현상에 의해 점진적으로 진화했다는 주장과 모순되는 것처럼 보인다.

하지만 19세기에 다윈이 「종의 기원」을 출판한 직후에 이미 일부 기독교 신학자들은 창조론과 진화론 사이에서 빚어지는 모순에 대한 해답을 구했다. 우리는 조물주의 창조와 섭리를 부정하지 않으면서도, 행성의 기원과 움직임이 중력의 법칙과 다른 자연현상에 의한 것이라고 설명할 수 있다. 마찬가지로, 진화는 신이 자연현상을 통해 자신의 계획에 따라 생명체를 존재하게 하고 발전시키는 것으로 이해할 수 있다는 것이었다. 이를테면, 뉴욕 주 로체스터 신학대학의 학장인 A. H. 스트롱은 1885년 「조직 신학(Systematic Theology)」에서 "우리는 진화의 원리를 인정하되, 다만 신성한 지성이 하는 일로 여기겠다."고 말했다. 그는 인류의 야만적인 조상이 하느님의 형상을 닮은 피조물이라는 거룩한 지위에 어긋날 것이 없다고 생각했다.

그 뒤로 점진적으로, 특히 20세기에 들어서면서, 진화는 주류 기독교 사회에서 인정을 받게 되었다. 교황 비오 12세는 1950년 '인류에 대하여'라는 제목으로 생물의 진화가 기독교 신앙과 대치되지 않는다는 내용의 회칙을 주교들에게

진화론과 창조론은 양립할 수 있는가?

전달했다. 또 교황 바오로 2세는 1996년 10월 22일 자로 교황청 과학원에 보낸 메시지에서 말했다, "새로운 과학적 지식은 우리로 하여금 진화론이 더는 가설에 불과한 것이 아니라는 사실을 말해 줍니다. 우리는 진화론이 다양한 학문 분야에서 잇따라 발견되는 증거를 통해 점진적으로 인정을 받아 왔다는 사실에 주목할 필요가 있습니다. 어떤 의도나 조작이 없이 각기 독립적으로 시행된 연구 결과들이 모두 일치한다는 사실은 그 자체로 의미가 있는 것입니다."

일부 기독교의 주류 종파들도 기독교 신앙과 진화론이 함께 양립할 수 있다고 주장해 왔다. 연합장로교회의 총회는 1982년 "성경학자들과 신학대학에서는…진화에 대한 과학 이론이 생명의 기원에 대한 성경의 해석과 대치되지 않는다고 생각한다,"는 성명을 채택했다. 루터교 세계연맹은 1965년 "진화론은 우리가 숨 쉬는 공기처럼 우리 주위에 있고 더 이상 피할 수 없다.…과학과 종교는 이 세상에 공존하면서 서로를 존중하는 건강한 긴장 관계를 유지해야 한다,"고 선언했다.

유대교회와 다른 주요 종교의 지도자들도 유사한 성명을 발표했다. 1984년 미국 랍비 중앙회의 95회 연차총회에서는 "생물 유전의 원리와 개념은 과학을 이해하는 기본적인 지식이다. 우리는 미국의 모든 주에서 과학 교사들과 학교 관계자들이 현대의 과학적 지식에 근거한 양질의 교고서를 주문하도록 요구한다."라는 결의문을 채택했다.

　미국의 기독교 성직자들 1만 2,000명 이상이 서명한 '목회자 서신 프로젝트(Clergy Letter Project)' 역시 진화론을 수용하는 관점을 제시했다. "아래에 서명한 성직자들은 성경의 영원한 진리와 현대 과학의 발견이 조화롭게 공생할 수 있다고 믿습니다. 우리는 진화론이 기초적인 과학적 진리라고 생각합니다. 이 진리를 거부하거나 수많은 가설들 증 하나인 것처럼 취급하는 것은 의도적으로 과학적 무지를 껴안고 살아가는 것이며 그런 무지함을 후세에까지 물려주는 어리석음을 범하는 일입니다. 비판적인 생각을 할 수 있는 인간의 정신은 하나님의 선물 중 하나이며, 이 선물을 충분히 사용하지 않는 것은 우리 창조주의 뜻을 거부하는 것이라고 생각합니다. 우리는 과학은 과학으로, 종교는 종교로 남을 것을 요구하며, 이 둘은 서로 다르지만 상호보완적인, 서로 다른 형태의 진리임을 선언합니다."

　조물주가 생물을 설계했다는 주장이 갖고 있는 문제점 중에 하나는 생물계에 불완전함과 결함이 만연하다는 사실이다. 한 예로, 인간의 눈을 생각해 보자. 눈의 신경섬유는 한 점으로 모여서 시신경을 형성하는데, 이 시신경이 (뇌에 도달하기 위해) 망막을 지나가는 곳에 빛을 감지하지 못하는

진화론과 창조론은 양립할 수 있는가?

맹점이 만들어진다. 이것은 작은 결함이라고 해도 설계의 불완전함을 보여준다. 오징어와 낙지는 이러한 결함을 갖고 있지 않다. 조물주는 인간보다 오징어를 더 사랑해서 우리 눈을 설계할 때보다 더 정성을 들여 만든 것일까? 이번에는 인간의 턱을 생각해보자. 우리는 턱의 크기에 비해 너무 많은 치아를 갖고 있다. 그래서 치과의사들은 사람들의 사랑니를 빼고 치열을 고르게 해 주는 일로 돈을 벌고 있다. 온갖 종류의 생물들이 갖고 있는 결함과 기능 장애를 일일이 열거하자면 끝이 없다. 그렇다면 이런 실수를 저지른 조물주를 탓해야만 할까? 만일 사람이 설계한다면 그보다 더 잘 할 수 있을 것이다.

게다가 세상에는 포식자가 먹이를 죽이고 잡아먹는 것처럼 잔인하다고 할 수 있는 일들이 다반사로 일어난다. 만일 그러한 행동이 인간이나 더 높은 도덕성을 가진 존재가 의도한 결과라면 그것은 참으로 잔인한 일이다.

종교학자들은 이처럼 생물계의 불완전한 형태, 기능 장애, 잔인성과 같은 문제에 대한 해답을 찾기 위해 씨름해 왔다. 그러한 문제들이 신의 설계에 의한 것이라면 그 까닭이나 의미를 설명하기 어렵기 때문이다. 스코틀랜드의 철학자 데이비드 흄(1771-1776)은 단도직입적으로 말했다. "신이 악을 막으려고 하지만 막을 수 없는 것일까? 그렇다면, 신은 무능하다. 신이 할 수 있으면서도 하지 않는 것인가? 그렇다면 신은 악의적이다. 신은 할 수 있고 또한 의지가 있는 것일까? 그렇다면 악은 어디서 오는가?"

진화론의 등장은 이러한 논란을 진정시켰다. 1891년 신학자인 오브리 무어Aubrey Moore는 "다윈의 진화론은 적과 같은 모습으로 나타나 친구와 같은 역할을 했다."고 말했다. 이 말처럼, 진화론은 처음에 이 세상에서 창조주의 필요성을 제거하려는 것처럼 보였지만, 오히려 불완전한 세상에 대해 창조주를 원망하지 않을 수 있게 해 주었다.

만일, 창조론자들이 주장하는 것처럼, 생물이 신에 의해 설계되었다고 한다면, 우리는 치열과 맞지 않는 사람의 턱, 자연분만을 어렵게 하는 좁은 산도, 똑바로 걷기에는 다소 부적절한 등뼈를 갖게 된 책임을 신에게 물어야 한다. 단일 이런 문제들이 신의 직접적인 설계에 의한 결과라면 분명히 신에게 책임이 있을 것이다. 어떤 공학자가 시동을 걸자마자 곧바로 폭발해버리는 자동차를 설계한다면 그 책임은 그 공학자에게 있다. 따라서 종교적 믿음을 가진 사람이라면, 다윈의 진화론을 인정하고 생물계에 만연한 기능 장애, 기형, 잔인성이 자연선택의 원리에 의한 것이라고 이해하는 쪽이 더 온당할 것이다. 그러한 불상사들이 신이 직접 계획했거나 설계한 결과가 아니며 도덕과는 무관한 자연현상에 의한 것이라고 돌릴 수 있으니 말이다. 우리가 도덕성과 무관한 동물의 행위나 자연선택의 결과를 두고서 잔인하다고 말하는 것은 어디까지나 비유적인 표현일 뿐이다.

진화는 이처럼 결함, 장애, 식인 풍습, 기생충, 약육강식을 비롯한, 생물계에 존재하는 모든 '악'에 대해 설명하는 데에서도 도움을 줄 수 있다. 하지만 일부 무신론자들은 자연선택에 의한 진화 과정을 인정한다고 해도 자연계의 기능 장애와 잔인성에 대한 책임에서 신이 자유로워질 수는 없다고 주장한다. 왜냐하면, 종교인들에게 신은 우주의 창조주이며 따라서 신이 직간접적으로 그 결과에 책임을 져야 하기 때문이라는 것이다. 만일 신이 전지전능하다면, 잔인성, 기생충, 태아의 유산과 같은 일들이 일어나지 않는 세상을 창조해야 했다는 것이다. 이러한 주장에 대해 종교인들은 신의 행동은 불가해하며 인간에게는 신의 목적을 이해하려고 하거나 그의 행동을 설명할 권리가 주어져 있지 않았다고 주장한다. 하지만이 주장은 많은 사람들에게 충분히 만족스럽지 못할 것이다. 답을 하는 것이 아니라 질문을 피해 가는 것이기 때문이다.

아니면 다음과 같은 설명이 가능하다. 먼저, 인간이 거짓말과 간통과 살인과 같은 온갖 비행과 죄악을 저지른다는 것을 생각해 보자. 종교인들은 모든 사람이 신의 피조물이라고 믿지만, 그렇다고 해서 신이 인간의 범죄와 비행에 대해 책임이

내가 원숭이라구?

있다는 의미는 아니라고 말한다. 죄악은 인간에게 주어진 자유의지의 결과이기 대문이다. 우리는 죄를 짓지 않는 도덕적인 삶을 선택할 수 있다. 기독교 신학자들은 만일 인간이 신을 진정으로 믿는다면 무엇보다 죄악에서 자유로워질 수 있다고 설명한다. 천국에 들어가기 위해서는 도덕적인 삶이 요구되기 때문이다.

그렇다면 신은 애초에 자유 의지가 없는 인간—그러한 '인간'을 뭐라고 불러야 할지 모르지만—을 창조할 수 없었을까. 하지만 자유의지가 없는 그러한 '인간'은 우리와는 매우 다른, 훨씬 덜 흥미롭고 덜 창조적인, 로봇과 같은 존재가 되었을 것이다. 로봇은 도덕적인 행동과는 무관하거니와, 인간을 대신할 수 있을 만한 존재가 못 된다.

또한 현대 물리학이 탄생하기 전까지 일부 종교에서는 신이 비, 가뭄, 지진, 화산 폭발을 일으켜 사람들에게 상과 벌을 내린다고 생각했다. 만일 그렇다면, 몇 년 전 20만 명의 인도네시아인들을 죽음으로 몰아간 쓰나미를 신이 일으켰다는 의미가 된다. 이것은 종교에서 말하는 자비로운 신의 모습과 모순된다. 하지만 우리는 이제 쓰나미를 비롯한 모든 자연재해는 자연현상에 의해 일어난다는 것을 알고 있다.

다시 한번 혹자는 신이 자연재해가 없는 세상을 창조하지 않은 것을 탓할지도 모른다. 실제로 일부 종교는 신이 지금과

진화론과 창조론은 양립할 수 있는가?

는 다른 세상을 창조할 수도 있었을 텐데 그러지 않았다고 이의를 제기하기도 한다. 하지만 그 세상은 은하수가 흐르고, 별들과 행성계가 순환하고, 대륙들이 표류하는 창조적인 우주는 아니었을 터, 우리가 살고 있는 이 세상이 아무 움직임 없이 정지된 세상보다 한결 창조적이고 흥미롭지 않은가!

진화하는 자연계는 우리가 상상할 수 있는 그 어떤 세상보다 흥미롭다. 새로운 종들이 출현하고, 복잡한 생태계가 순환하고, 인간이 진화를 거듭해 온 창조적인 세상이다. 이러한 설명에 대해 일부 종교인들은 만족하지 않을 것이다. 마찬가지로, 신이 자연현상을 통해서 자신의 계획에 따라 생명체를 존재하게 하고 발전시키는 것이라는 설명 역시 일부 무신론자들에게 다소 황당하게 들릴 수 있다. 그러나 나는 종교인이나 무신론자나 과학과 종교가 서로 다른 문제라는 사실을 인정한다면 서로를 이해할 수 있다고 생각한다.

일부 기독교인들이 아직도 진화론을, 특히 인간의 진화를 인정하지 않는 이유는 성경을 글자 그대로 해석하기를 고집하기 때문이다. 1963년에 창설된 창조연구회의 교의는 "성경은 하느님의 말씀이며 오롯이 성령에 의한 것이므로 성서에서 주장하는 모든 것은 글자 그대로 과학적이며 역사적으로 진실하다. 창세기에 나오는 우주의 기원에 대한 설명은 자연과학을 공부하는 학생들에게 단순한 역사적 진리를 사실

내가 원숭이라구?

그대로 말하고 있는 것이다."라고 주장한다.

그러나 많은 성서학자들과 신학자들은 오래 전부터 성서를 문자 그대로 해석하는 것은 비합리적이라고 해서 거부해 왔다. 성서 자체가 서로 모순이 되는 이야기들을 담고 있기 때문이다. 창세기는 첫머리부터 서로 다른 두 가지 설명을 하고 있다. 1장부터 2장의 첫 구절을 보면 하느님이 빛, 땅, 하늘, 물고기, 새, 소를 만들고 나서 여섯째 날 자신과 같은 모습으로 인간-남자와 여자-을 창조했다고 되어 있다. 그렇지만 2장의 4절에서는 하느님이 인간 남자를 창조하고 정원에 식물을 심고 동물을 만든 뒤에야 비로소 남자에게서 갈비뼈를 꺼내 여성을 창조했다는 이야기가 나온다.

어느 것이 맞고 어느 것이 틀렸는가? 나는 그 두 설명이 다만 하느님이 이 세상을 창조했고 인간은 그의 피조물임을 의미하는 것이지, 서로 다른 이야기를 하는 것은 아니라고 이해한다. 다만 창조연구회에서 주장하는 것처럼, "역사적이고 과학적인 진실"은 될 수 없다.

창세기 첫머리의 예처럼, 성서에는 서로 다른 부분에서 서로 일치하지 않고 모순 되는 이야기가 종종 나오곤 한다. 지구의 주위를 도는 태양을 묘사한 것은 차치하더라도, 이를테면 선택을 받은 이스라엘 백성들이 이집트에서 약속의 땅으로 돌아가는 과정에서 일어나는 일들처럼, 서로 일치하지 않

진화론과 창조론은 양립할 수 있는가?

거나 비현실적인 설명들이 여기저기에 많이 나온다. 그런데도 성서학자들이 성서가 틀리지 않다고 말하는 것은 종교적 진리를 존중해서이며, 그러한 문제가 구원의 중요성과는 관계가 없기 때문이다. 이를테면, 위대한 기독교 신학자인 아우구스티누스는(354-430)는 「창세기의 문자적 해석(Literal Commentary on Genesis)」에서 이렇게 말했다, "나는 종종 성경에 의거해서 하늘이 어떻게 생겼는지에 대해 우리가 어떤 믿음을 가져야 하는지를 묻는 질문을 받는다.…그러나 그런 문제에 집착하는 것은 천복을 추구하는 사람들에게는 아무 도움이 되지 않을 뿐 아니라 영적인 구원을 위해 바쳐야 하는 귀중한 시간을 허비할 뿐이다." 이것은 이미 교회의 초기 설립자들이 했던 말이다. 아우구스티누스는 여기에 덧붙여 말하기를, "성서에는 천구의 형성과 형태에 대한 글이 나오지만 그 글을 쓴 사람들은 구원에 도움이 되지 않는 사실은 가르칠 생각이 없었다."라고 했다. 곧, 창세기는 천문학을 가르치는 문헌이 아니라는 것이다. 아우구스티누스는 또한 창세기에 나오는 창조에 대한 설명에서 하느님은 첫째 날에 빛을 창조하고 나흘째 되는 날에 해를 창조했다는 내용에 대해 창세기에서 말하는 '빛'과 '날짜'는 문자 그대로의 의미가 아니라고 결론지었다. 성서는 종교에 대한 것이며, 성서를 쓴 사람들은 과학적 질문을 해결하는 것이 목적이 아니었다.

　종교계의 권위자들은 지금까지 이와 비슷한 말을 계속해왔다. 1981년 요한 바오로 2세는 "성서에 나오는 우주의 기원과 그 형성에 대한 이야기는 우리에게 과학 논문을 제시하는 것이 아니라 사람과 하느님과 세상의 올바른 관계를 이야기하는 것이다. 성서는 다만 하느님이 세상을 창조했다고 선언하고 있을 뿐이다. 우주의 기원과 형성에 대해 가르치는 것은 성경의 의도와는 완전히 무관하다. 성경은 하늘이 어떻게 만들어졌는지를 가르치는 것이 아니라, 사람이 어떻게 해야 천국에 가는지를 가르친다."

　결론적으로 나는 다음과 같이 답하겠다.

　"우리는 진화와 창조주를 동시에 믿을 수 있다."

　진화론은 증거가 확실한 과학 이론이다. 기독교인들을 비롯한 종교인들은 진화론이 그들의 믿음을 위협한다고 생각할 필요가 없다. 실제로 많은 신학자들과 종교인들은 진화를 신이 다양한 생물계를 창조하는 과정이라고 생각한다. 신학자 오브리 무어의 말을 빌려 마무리하자면, 진화는 종교의 적이 아니라 친구이다.

"2010년 템플턴 상을 수상한 유전학자 프란시스코 아얄라가

그의 삶과, 연구, 그리고 창조론에 대해 이야기하다"

워싱턴 포스트

2010년 4월 27일

진화 유전학자이며 현재 어바인 캘리포니아대학의 생물학과 철학 교수로

재직 중인 프란시스코 아얄라는 처음부터 학자의 삶에 끌렸던 것은 아니다.

젊은 시절 아얄라는 스페인에서 도미니크회의 사제 서품을 받았다.

그러나 그는 일 년 단에 성직을 그만두었다. 그 뒤 컬럼비아대학에서

유전학을 공부하기 시작한 이래로, 말라리아와 다른 질병들을 일으키는

미생물인 원생동물의 연구에 몰두해 왔다.

지금 일흔여섯살인 아얄라 교수는 학교 수업에서 창조론과 지적 설계론을

제외시키기 위해 노력하는 것으로 널리 알려져 있다.

1981년에는 학교에서 진화론과 함께 창조론을 가르치는 것을 법제화하는

아칸소 주의 의결에 반대해서, 연방 재판의 전문가 증인석에 서기도 했다.

아얄라는 어바인의 캘리프니아 대학 사무실에서 1마일 정도 떨어진,

태평양이 바라보이는 '천국'과 같은 집에 살고 있다.

그는 5월 5일 버킹검궁어서 '과학과 종교의 화해를 위해 노력한 공로'로,

2010년 종교계의 노벨상으로 알려진 템플턴 상을 받는다.

성직은 왜 그만두셨습니까?

이상주의적인 생각에서 성직자가 되었다고 말할 수 있습니
다. 선교사가 되어 아마존과 같은 오지로 가고 싶었죠. 하지

만 신학을 공부한 5년 가운데에서 마지막 2년 동안 조금씩 조금씩 마음을 바꾸게 되었습니다, '나는 성직자의 삶을 살고 싶지 않다. 과학자가 되고 싶다'라고요.

유전학을 공부하게 된 결정적 계기가 있었습니까?

마드리드대학에서 공부할 때부터 과학에 관심을 갖고 있었습니다. 신학을 공부할 때에도 인간의 진화와 유전학에 대한 문헌을 훨씬 더 많이 읽었습니다. 특히 피에르 떼이야르 드 샤르댕Pierre Teilhard de Chardin 신부의 「인간의 현상(The Phenomenon of Man)」을 감명 깊게 읽었습니다. 그분 역시 성직자였습니다. 제가 유전학을 연구하게 된 이유는 유전학이 인간의 진화에 접근하는 최선의 학문이라고 생각했기 때문입니다.

교수님은 주로 어떻게 시간을 보내십니까?

유전학과 진화생물학뿐 아니라 말라리아에 대해서도 연구하고 있습니다. 그리고 많은 시간을 내가 좋아하는 강의를 하면서 보내죠. 진화에 대해 이야기해 달라는 초청을 자주 받습니

내가 원숭이라구?

다. 올해만 해도 50여 곳의 대학에서 강의를 하게 될 것입니다. 또 책을 쓰고 있고, 와인에 대해서도 강의를 합니다.

와인이요?

와인용 포도를 재배하는 포도밭을 소유하고 있습니다. 그 농장은 자체적으로 운영이 되고 있죠. 나는 그저 일주일에 두 번 퇴근길에 관리인과 휴대전화로 통화를 할 뿐입니다.

지적 설계론에는 어떤 결함이 있다고 보십니까?

자연계의 어떤 것도 실제로 지적으로 설계된 것은 없습니다. 지적 설계는 공학자들이나 하는 것입니다. 자연선택으로부터 우리는 결함을 인정할 수 있습니다. 나는 항상 우리에게 가장 친근한 예로 사람의 턱을 이야기합니다. 사람은 턱에 비해 치아가 너무 많아서 사랑니를 제거하거나 교정을 해야 합니다. 만일 공학자가 그런 턱을 설계했다면 그는 그 다음날 바로 해고를 당하겠죠. 그렇다면, 우리는 신을 탓해야 하는 건가요?

창조론에 대한 관심은 커지고 있나요, 적어지고 있나요?

1981년 아칸소 주의 결정을 할 당시에 훨씬 관심이 많았다고 생각합니다. 물론, 최근에, 특히 이 상을 수상하게 된 것을 전후로 해서, 창조론이 언론으로부터 주목받게 되었지만, 1981년에 신문마다 앞다투어 기사를 싣고 책들이 수없이 쏟아져 나왔던 것에 비하면 지금은 그리 관심이 큰 것 같지 않습니다. 저만의 순전히 주관적인 평가지만, 창조론과 지적 설계론이 생물학계에서 진지한 관심을 받을 가능성은 시간이 갈수록 줄어들고 있다고 봅니다.

아직 가톨릭 신자입니까?

그 질문에는 대답하지 않겠습니다. 과학자로서의 견해는 제가 가톨릭이거나 종교가 있는지 없는지 여부와는 별개의 문제라고 생각하기 때문입니다. 제가 옹호하는 생각은 종교인이거나 무신론자이거나 불가지론자이거나 할 것 없이 모두에게 타당한 것입니다. 저는 그 어느 그룹으로도 분류되기를 원하지 않습니다.

템플턴 상금으로 받는 150만 달러는 어디에 사용하실 건가요?

내가 지금 살고 있는 어바인에서 대부분 사용될 것입니다. 국립 과학아카데미에 기부하겠지만 최종적인 결정은 아직 하지 않았습니다.

당신 자신을 위해 조금 남겨두지 않겠습니까?

근사한 저녁 식사를 할 계획이지만, 상금이 아니라 제 돈으로 먹을 겁니다.

참고도서

5장에서 교통체계에 비유한 세포의 대사 경로
James Trefil, Harol J. Morowitz, Eric Smith, "the Origin of Life", American Scientist 97(2009) 206-213.

촉매 역할을 하는 RNA 분자(리보자임)에 대한 최근 연구
Saba Valandkhan, Afshin Mohammadi, Yasaman Jaladat, Sara Geisler, "Protein-Free Small Nuclear RNAs Catalyze a Two-Step Splicing Reaction," Proceedings of the National Academy of Sciences 106(2009): 11901-11906, and Samuel E. Butcher, "The Spliceosome as Ribozyme Hypothesis Takes a Second Step," Proceedings of the National Academy of Sciences 106(2009):12211-12212.

유전 정보를 암호화하는 핵산이 어떻게 자연적으로 발생할 수 있는지를 보여주는 실험
Jack W. Szostak, "Systems Chemistry on Early Earth," Nature 495(2009) 171-172, and Mattew W. Powener, Beatrice Gerland and John D Sutherland, "Synthesis of Activated Pyrimidine Ribonucleotides in Prebiotically Plausible Conditions, " Nature 459(2009): 239-242.

1-4장과 6장의 주제에 대한 추가 정보
Francisco J. Ayala, <Darwins's Gift to Science and Religion(Joseph Henry Press, 2007).

인류의 기원에 대한 보다 심층적인 설명
Camilo J. Cela-Conde and Francisco J. Ayala, <Human Evolution: Trails from the Past> (Osford University Press, 2007)